全国注册城乡规划师职业资格考试真题

U0589690

城乡规划实务

经纬注考教研中心　编

清华大学出版社
北 京

内 容 简 介

本书分为两部分,第一部分为历年考试真题与解析,包括 2012—2014 年、2017—2021 年全部真题,并对其进行分析和解答,归纳解题思路和方法,有些题目还给出了相同考点的对比和辨析;第二部分为 2022 年 3 套模拟题,供考生复习后进行练习和检验复习效果。

本书可供参加 2022 年全国注册城乡规划师职业资格考试的考生学习使用。

图书在版编目(CIP)数据

城乡规划实务/经纬注考教研中心编.—北京:清华大学出版社,2022.6(2022.6重印)

全国注册城乡规划师职业资格考试真题与解析

ISBN 978-7-302-60826-4

Ⅰ.①城… Ⅱ.①经… Ⅲ.①城乡规划—中国—资格考试—题解 Ⅳ.①TU984.2-44

中国版本图书馆 CIP 数据核字(2022)第 080021 号

责任编辑:秦 娜 王 华
封面设计:陈国熙
责任校对:赵丽敏
责任印制:沈 露

出版发行:清华大学出版社
   网 址:http://www.tup.com.cn,http://www.wqbook.com
   地 址:北京清华大学学研大厦 A 座 邮 编:100084
   社 总 机:010-83470000 邮 购:010-62786544
   投稿与读者服务:010-62776969,c-service@tup.tsinghua.edu.cn
   质量反馈:010-62772015,zhiliang@tup.tsinghua.edu.cn
印 装 者:三河市龙大印装有限公司
经 销:全国新华书店
开 本:185mm×260mm 印 张:7.5 字 数:172 千字
版 次:2022 年 6 月第 1 版 印 次:2022 年 6 月第 2 次印刷
定 价:45.00 元

产品编号:097536-01

前言

规划师是一个外表看起来高级而又神秘的职业,对于身处行业中的我们来说,更明白这是一份需要去除浮躁、兼具责任与压力的职业。取得注册证书对于规划师来说是一种职业的认可,在一定程度上是一种规划能力和从业资格的肯定。自 2000 年开始实施全国注册规划师考试制度以来,经无数工作在规划设计岗位的同仁坚持不懈,约 2.7 万人取得了这一张颇具含金量的证书。

这些年规划在国家政策中越来越受重视,注册规划师职业资格制度也经历过几次调整,2008 年随《城乡规划法》的变动,注册城市规划师变更为注册城乡规划师,经历了 2015 年和 2016 年两年停考,2017 年依据《关于印发〈注册城乡规划师职业资格制度规定〉和〈注册城乡规划师职业资格考试实施办法〉》(人社部规〔2017〕6 号),注册城乡规划师划入协会管理,2018 年随国家机构改革,注册城乡规划师实施主体变更为自然资源部,今年有关考试的内容和方向,是考生关注的热点。

规划师的核心工作便是"规划",既有宏观规划理论又有实际操作能力,注册证书未必能全面地评估一名规划师的能力,也不能以是否通过考试来衡量规划师的规划设计能力。但已通过注册规划师考试的考生,一般说明其不仅具备全面的理论和实践经验,熟悉国家的相关法规和制度,对规划设计也具有一定分析、构思和表达能力,具备成为一名规划师的基本素养。

"城乡规划实务"是集中体现应试者规划思维的科目,也是令诸多应试者头痛不已并且是四科中唯一人工阅卷的科目,故该科目是当年通过率的"标尺"。"城乡规划实务"为主观题,需要考生掌握城乡规划的相关法律法规、城乡规划原理、城乡规划编制体系及内容,是对整个城乡规划知识体系和规划思维的考查,而不是某个内容的检验。该科目着重考查平时的执业水平,而不是理论记忆,需要考生充分认识。当然,还需要掌握一些切实有效的应试方法与技巧,研究历年真题,形成考试思路。

本书便是从考试的角度出发,通过研究历年的考试题目,总结考试思路和重点,对每道题目进行详细的解析,以期帮助更多的应试者把握历年考试的重点,更实际、高效地复习。

本书在编写过程中得到了清华大学出版社各位编辑老师的支持和帮助,感谢他们的付出。但因为编者水平有限,书中难免有不妥之处,敬请各位同仁和读者批评指正。

读者可扫描二维码,关注"经纬注考教研中心"公众号,及时获取考试相关信息。

编 者

2022 年 3 月于北京

关于"城乡规划实务"备考的几点建议

经纬注考教研中心的老师在多年培训和对历年"城乡规划实务"试题分析后,给准备注册城乡规划师考试的考生几点建议:

1. "城乡规划实务"具有综合性,与其他三科知识具有必定联系,特别是"城乡规划原理"和"城乡规划管理与法规"。所以,对城乡规划实务科目的复习,不能单单就教材而复习,而应该是系统框架形成后的输出,必定需要具备其他城乡规划的各类知识。

2. "城乡规划实务"的题型简单,均是对城乡规划所必须具备知识的考查。着重加强对城镇规划体系、城市总体规划、修建性详细规划、项目选址、违法处罚的理解。每年的考试,题型基本是固定的,所以,对各种题型中的重要知识点的认知就显得非常必要,此部分知识需要有一定的真题基础和引导。

3. "城乡规划实务"与其他科目不同,全部为主观作答,考生回答需要条理清晰、字迹清楚。所以,在考试过程中,建议快速归纳答题点,再对明显错误与不当进行分条作答,切记涂鸦式修改。

4. 重视真题的重要性,特别是高质量真题的重要性,编者在此毫无讳言地指出,市面上很多所谓的网络真题答案错误严重,非得分点,易给考生在答题过程中造成该得分而没得分的影响,本书答案经过各方面研讨,非常值得备考时细细琢磨。

5. 以上分析和建议属于老师的一些看法,难免偏颇,仅供考生斟酌采用;全面复习、深入理解、融会贯通、加强理解记忆乃是通过考试的最佳途径。在此祝愿各位考生学习愉快、身体健康、考试顺利!

文中法律全称与简称对照

法 律 全 称	文 中 简 称
《中华人民共和国城乡规划法》	《城乡规划法》
《中华人民共和国行政复议法》	《行政复议法》
《中华人民共和国诉讼法》	《诉讼法》
《中华人民共和国土地管理法》	《土地管理法》
《中华人民共和国文物保护法》	《文物保护法》
《中华人民共和国行政许可法》	《行政许可法》
《中华人民共和国行政处罚法》	《行政处罚法》

随书附赠视频资源，请扫描二维码观看。

 国土空间规划体系
及要点（一）

 国土空间规划体系
及要点（二）

 国土空间规划体系
及要点（三）

 国土空间规划体系
及要点（四）

 国土空间规划体系
及要点（五）

 《城市居住区规划
设计标准》精讲（一）

 《城市居住区规划
设计标准》精讲（二）

 《城市综合交通体
系规划标准》解读

 《历史文化名城保
护规划规范》解读

 《市域规划评析》专题

 如何获得标准答案
和关键点

目录

2012 年度全国注册城乡规划师职业资格考试真题与解析

城乡规划实务

真　题

试题一（15分）

A市为某省一地级市，地处该省最发达地区与内陆山区的缓冲地带，是国家历史文化名城，水陆空交通枢纽，和邻近的B市、C市共同构成该省重要的城镇发展组群。经相关部门批准，目前要对A市现行城市总体规划进行修编。

试问，在新版城市总体规划编制过程中，分析研究A市城市性质时应考虑哪些主要因素？

试题二（10分）

下图为某县级市中心城区总体规划示意图，规划人口为36万人，规划城市建设用地面积为43km²。该市确定为以发展高新技术产业和产品物流为主导的综合性城市，规划工业用地面积占总建设用地面积的35%。铁路和高速公路将城区分为三大片区，即铁西区、中部城区、东部城区。铁西区主要规划为产品物流园区和居住区；中部城区包括老城区和围绕北湖规划建设的金融、科技、行政等多功能的新城；东部城区规划为以高新化工材料生产、食品加工为主导的工业组团。

试问，该总体规划在用地规模、布局和交通组织方面存在哪些主要问题，为什么？

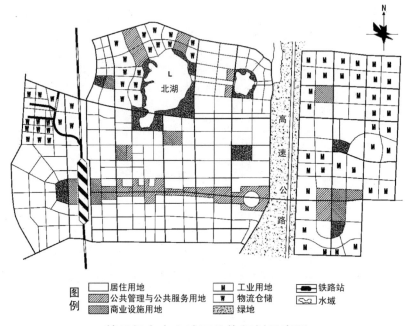

某县级市中心城区总体规划示意图

试题三（15分）

下图为某市大学科技园及教师住宅区详细规划方案示意图。规划总占地面积51hm²。地块西边为城市主干道,道路东侧设置20m宽城市公共绿带。地段中部的东西向道路为城市次干道,道路北侧为大学科技园区,南侧为教师住宅区。

科技园区内保留有市级文物保护单位一处,结合周边广场绿地,拟通过文物建筑修缮和改扩建作为园区的综合服务中心。

教师住宅区的居住建筑均能符合当地日照间距的要求。设置的小学、幼儿园以及商业中心等公共服务设施和市政设施均能满足小区需要。在规划建设用地范围内未设置机动车地面停车场的区域均通过地下停车场满足停车需求。

试问,该详细规划方案中存在哪些主要问题,为什么?

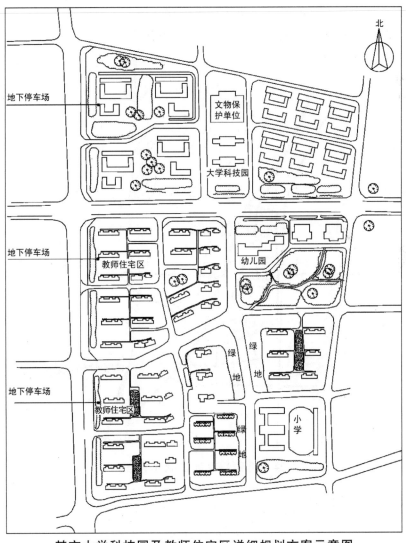

某市大学科技园及教师住宅区详细规划方案示意图

试题四（共 15 分）

下图为某县城道路交通现状示意图,城区现有人口约 15 万人,建成区面积约 17km²。规划至 2020 年,城区人口约 21 万人,远景可能突破 30 万人。

火车站东侧是老城区和市中心,城市南部为工业区,城市东部为新建的住宅区。贯穿城区南北部的是一条老国道,新国道已外迁至老城区东侧。城市东西向有 3 条主干路。现状路网密度约为 3.3km/km²,其中主干路路网密度为 1.2km/km²,次干路路网密度为 1.5km/km²,支路路网密度为 0.6km/km²。

根据相关上位规划,未来将有一条南北走向的重要城际铁路在城市东侧选线经过,并拟在该城区设城际铁路车站,有两个车站选址方案可供比较选择。

试问:

（1）该县城现状道路网及其交通运行组织存在哪些主要问题?

（2）城际铁路车站选址适宜的位置是哪个,为什么?

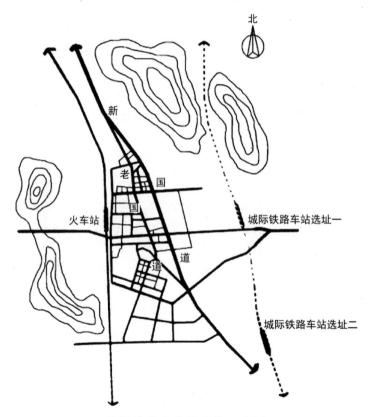

某县城道路交通现状示意图

试题五（15 分）

某市规划局按领导要求,组织有关部门在两周内就某地块的控制性详细规划修改完成如下工作:

由规划院对控制性详细规划修改的必要性进行论证,规划院将论证情况口头向规划局进行了汇报,经规划局同意后,规划院修改了控制性详细规划,规划局将修改后的控制性详细规划报市人民政府批准,并报市人大常委会和上级人民政府备案。

试问,该地块的控制性详细规划修改工作主要存在哪些问题?

试题六（15 分）

某国家历史文化名城,为纪念近代发生在该市的一起重大历史事件,市政府拟规划建设一座历史专题博物馆。

试问,作为该市规划管理人员,在该专题博物馆的选址工作中,应重点做好哪些工作和遵循什么原则?

试题七（15 分）

经批准,某公司在城市中心区与新区之间的绿化隔离地区建设植物栽培基地,总占地 100 亩(1 亩 ≈ 666.67m²)。该公司种植了一些乔木和灌木后,以管理看护为名,擅自建设了几十栋经营用房。

试指出该公司的具体违法行为,规划行政主管部门对此该做如何处理?

真题解析

试题一

分析研究 A 市城市性质时应考虑以下主要因素：

（1）省域城镇体系规划对 A 市的职能分工、定位和规模控制。

（2）与 B 市、C 市共同构成的城镇发展组群中 A 市的职能分工和主导产业。

（3）作为省最发达地区与内陆山区缓冲带应承担的产业转移发展方向。

（4）分析 A 市作为水陆空交通枢纽的自身性质。

（5）考虑 A 市作为国家历史文化名城的特点。

（6）A 市的规划城市规模。

答题思路

①上位规划对下位规划的职能分工和规模控制；②发展群组中本市的职能分工和主导产业定位；③产业转换所承担的发展方向；④城市自身所特有的类别；⑤城市自身所拥有的特点；⑥城市自古以来的性质；⑦城市的规模大小。比如：省域重要的……交通枢纽、产业承接地基地、城市旅游重点城市、国家历史文化名城。

试题二

该规划的主要问题及理由如下：

1. 用地规模

（1）人均建设用地达 $119m^2$，不符合规范要求。

（2）工业用地面积占总建设用地面积的 35%，过大，不符合发展高新产业和产品物流主导的定位。

2. 用地布局

（1）中部北湖金融、科技、行政功能新区布局大量物流仓储用地不合理，且对外交通不便。

（2）铁西区物流仓储用地位于居住用地上风向不合理，东部城区、居住区、工业区相互穿插不合理。

（3）广场与公园用地明显不足，应大于 $10m^2/人$。

（4）缺少公用设施用地布局。

3. 交通组织

（1）三大片区交通分割严重，片区联系不便，中部城区和东部城区形成单向交通,明显错误。

（2）串联三大片区、连接火车站的交通性主干道沿线布局大量生活用地,明显造成道路功能和用地性质不相符。

试题三

该规划方案存在的问题及理由:

（1）市级文物保护单位应予以保护,划定紫线,禁止改变文物建筑用途。

（2）北部大学科技园和南侧住宅区连接道路不合理,在次干道上形成3个错位丁字路口,影响交通。

（3）未实施人车分离,地下车库直接开口城市主干道上,明显不合理。

（4）住宅区道路笔直,开口较多,小区分割严重,且侵占城市公共绿地,易形成大量"过境"交通。小区不够封闭,不利管理,并且分割严重,辨别性差。

（5）住宅区无集中的公共中心和公共服务中心。

（6）幼儿园位于城市主干道旁,位置不当,应位于小区中心公共绿地旁。

试题四

1. 路网及交通运行组织存在的问题如下:

（1）县城支路网密度（0.6km/km²）过低且分布不合理,严重影响地块的可达性,造成主次干道交通阻力。

（2）支路直接搭接主干道和对外公路不合理,主干道、次干道、支路路网密度不协调。

（3）县城南北向除老国道外无其他主干道,南北疏通性差,交通组织不合理。

（4）道路搭接不畅,过多丁字路口和斜交叉（小于45°）路口,老国道与主次干道形成五岔路口明显不合理。

（5）新国道改线未远离县城不合理,将对以后县城发展再次造成分割并阻碍发展。

2. 城际铁路选址一较合理,理由如下:

（1）选址一和干道衔接较好,有良好的交通连续。

（2）选址一与县城用地布局（居住、商业、公共服务设施等人口密集区）距离合适,可达性及服务性好,选址较合理。

> 选择题型慎读题干,出题人均暗示选址合理的目标,以免答错无分可得。

试题五

该地块的控制性详细规划修改工作中存在的问题如下:

（1）应组织编制机关（规划局）对修改规划的必要性进行论证，而不是编制单位（规划院）进行论证。

（2）必要性论证报告应以书面形式提交，且应组织专家进行审查，而不是口头汇报。

（3）未征求规划地段内利害关系人的意见。

（4）未向原审批机关（市政府）提交专题报告，且未经控制性详细规划原审批机关同意（规划局同意是错误的），擅自修改。

（5）如控制性详细规划的修改涉及总体规划强制性内容的修改，应先组织修改总体规划。

（6）修改后的控制性详细规划方案在上报审批前，未依法将城乡规划草案予以公告，并采取论证会、听证会或者其他方式征求专家和公众的意见。

（7）公告时间应不少于 30 日，两周内完成达不到法定程序及法定时间。

试题六

1．相关工作

（1）了解专题博物馆的性质（纪念的历史事件）及名称，掌握建设博物馆来源等历史情况。

（2）了解项目建设主体、建设规模、用地大小、用地性质等建设基本工程信息。

（3）判断项目公共属性是否符合选址条件。

2．遵循原则

（1）建设项目选址用地性质必须与城乡规划相协调。博物馆的选址应位于城乡规划确定的文化设施用地内。

（2）建设项目与相关设施的衔接与配合。博物馆的选址地块应交通便利，公用设施完备，且有自身用地发展空间。

（3）建设项目与周围环境相协调。博物馆的选址布局必须考虑与周边环境的和谐。

（4）靠近历史事件原址，增加感染力，远离有污染、易燃易爆和环境较差处，以免影响博物馆人文效果。

> 此题得分非常低，主要是因为对规划原理和公共建筑选址相关知识模糊。

试题七

1．该公司违反了《城乡规划法》《城市绿线管理办法》，其具体违法行为包括：

（1）违反城市总体规划，改变城市用地性质。

（2）侵占城市绿线进行违法建设。

（3）未取得建设用地规划许可证进行建设。

（4）未取得建设工程规划许可证进行建设。

2. 处理办法如下：

对违反《城乡规划法》《城市绿线管理办法》，未取得建设用地规划许可证和建设工程规划许可证的违法行为，立案处理。

（1）责令停止建设。

（2）侵占城市绿地，无法采取改正措施消除对规划实施影响的限期拆除，不能拆除的，没收实物。

（3）性质严重的可以并处建设工程造价10%以下的罚款。

（4）责令建设单位尽可能恢复原貌。

2013 年度全国注册城乡规划师职业资格考试真题与解析

城乡规划实务

真　题

试题一（15 分）

　　西北地区某县处于国家功能区划的限制发展区,南北均为丘陵及山地,城镇在河谷地带布局,北部为水源地与生态涵养区,现状总人口 41 万人,城镇化水平 31%,县城人口 9 万人,东西均为人口 100 万人的大城市。

　　规划 20 年后总人口 64 万人,城镇化水平 62%,县城人口 15 万人,布局一个中心城市,6 个重点镇,9 个一般镇,并在城中心东南部规划了一个 20km² 的工业园区(见下图)。

　　请简述该规划存在的问题。

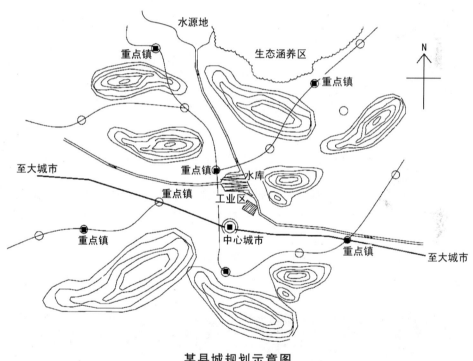

某县城规划示意图

试题二（15 分）

　　某城市人口 25 万人,中间高四周低,南、西、北侧均有河流通过,西侧有铁路客运站和货运站,南侧有一条一级公路,规划向南发展,并在铁路东西两侧规划了工业用地和仓储用地,结合北侧水系规划湿地公园,并建有 15hm² 的广场用地(见下页图)。

　　请论述该规划存在的问题并叙述理由。

某城市规划示意图

试题三（15分）

下图为某大城市开放性小区重建的两个规划方案。该规划用地 $24hm^2$。东北侧为城市次干路，西北、东南、西南侧为支路，相邻地块均为居住区。两个方案均满足控制性详细规划给定的基本条件。

从建筑布局、道路交通、公建设施、街道空间方面分别评析方案一和方案二各自的主要优缺点。

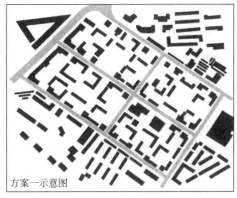

方案一示意图

方案二示意图

某城市小区规划方案

试题四 (15分)

某县城位于省级风景名胜区东南方向,依山傍水,环境优美,文化底蕴深厚,民居富有特色,地方经济以农业为主。为了改变落后的面貌,县领导提出调整产业结构,大力发展第二、三产业。通过招商引资,引入农副产品加工企业 A、废旧家电拆解企业 B 和房地产开发项目 C,规划部门按照领导要求为上述企业办理选址意见书(选址位置见下图)。

试问,该县的产业选择和项目选址管理阶段存在哪些问题?应采取哪些改进措施?

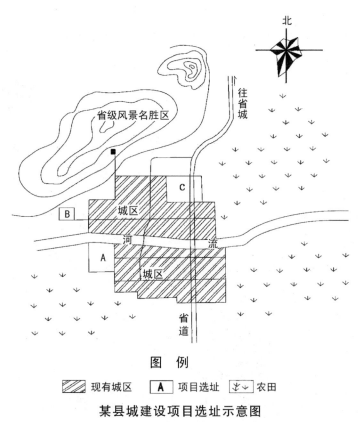

图 例

现有城区 　 **A** 项目选址 　 农田

某县城建设项目选址示意图

试题五（15分）

某省会城市市郊铁路小镇规划人口规模5.5万人,省会城市总体规划中确定的3个铁路货运站场之一即位于该镇,年货运量为1 000 000t,主要为本市生产生活服务,兼为周边县市服务。为落实上位规划,解决好该镇的对外交通,市政府责成有关部门专题研究铁路货场的对外交通组织和镇公共汽车客运站的选址。有关部门分别提出A、B两个货运通道选线方案和甲、乙两个客运站选址方案,其中选线A利用现有国道,选线B为新建道路(见下图)。

试问:

（1）铁路货场的两个对外货运通道的选线方案哪个较好?各有什么优缺点?

（2）公共汽车客运站的两个选址方案哪个较好?各有什么优缺点?

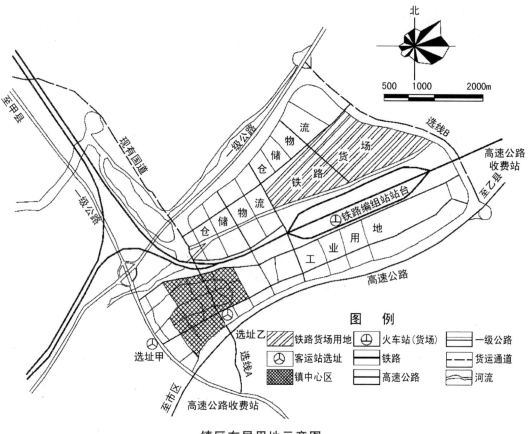

镇区布局用地示意图

试题六（10分）

某市远郊山区乡镇拟选址建设一处现代化的高档宾馆,规划总用地面积约 24 000m²,总建筑面积约 48 000m²,拟建高度 45m。拟选址用地的西、北侧为山丘,东侧为一现状历史文化名村,南侧为河道和 7m 宽沥青路（见下图）。

试问：该项目选址存在哪些不当之处。

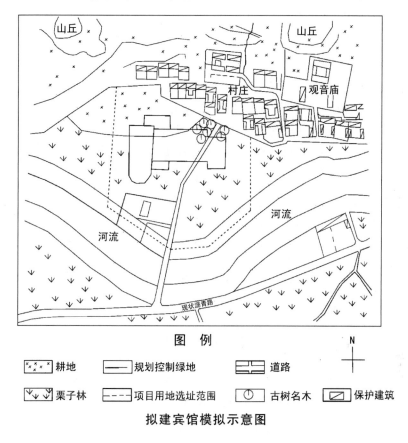

图　例

耕地	规划控制绿地	道路
栗子林	项目用地选址范围	古树名木 保护建筑

拟建宾馆模拟示意图

试题七（15分）

某建设单位计划建设一处厂房,于 2010 年 2 月向规划局申请办理了建设用地规划许可证,并于 4 月开工建设,7 月底竣工验收,于 8 月初请规划局进行验收,8 月初收到规划局寄来的行政处罚决定书。后建设单位不服,9 月向规划局提出行政复议,规划局不予受理。

试问：双方在程序上和内容上存在哪些问题,并说明原因。规划局能否撤销或者收回行政处罚决定书？

真题解析

试题一

该规划存在的问题如下：

(1) 城镇化水平发展速度相对过快，达 62%；不符合地处国家功能区划限制发展区、西北丘陵地带的自然条件。

(2) 重点镇过多且部分重点镇分布不合理。6 个重点镇明显过多，北部、东北部地处生态涵养区、水源地区且交通不便，发展重点镇不合理。

(3) 中心城市西侧位于河谷交通要道，规划为一般镇不合理，应定为重点镇。

(4) 东北侧一般镇无公路连接，显然不符合要求。

(5) 部分道路横切山体，城镇道路选线不合理。

(6) 工业区选址不合理。工业区位置位于水源地上游且对外交通联系不便，对中心城区和下游 100 万人口大城市水源造成污染。

> 城市化问题是常考点，一定要明确城市化快慢的相对判断标准。

试题二

该规划存在的问题及理由如下：

(1) 城市规划向南发展不合理。南侧有一级公路、河流及基本农田等自然和政策因素限制，城市向南发展受限，规划向西发展更为合理。

(2) $15hm^2$ 广场面积过大，不符合政策规范要求。

> 《关于清理和控制城市建设中脱离实际的宽马路、大广场建设的通知》(建规〔2004〕29)规定，广场面积规划：小城市和镇不得超过 $1hm^2$，中等城市不得超过 $2hm^2$，大城市不得超过 $3hm^2$。

(3) 污水处理厂位于水厂上游明显错误，其位置关系应对调。

(4) 工业用地面积过大，占比超过 30%，用地结构不合理。

(5) 客运站与客流集中的主城区交通联系不便，且为单一通道，显然不合理。

(6) 仓储用地布局不合理，用地相对集中布置在货运站两侧，不符合客货混合的性质；铁路两侧用地交通联系不便，应增加两侧用地交通联系。

试题三

方案一

1. 优点：

（1）小区道路平行于周边城市路网，有利于衔接城市交通，并与城市肌理完全一致。

（2）公建设施布局于居住区内部，有利于对内服务。

（3）内部围合空间错落有致，易于形成不同的组团公共绿地和空间。

（4）围合式布局，能形成较好的归属感。

2. 缺点：

（1）出现了大量非正南北向的住宅建筑，不利于日照条件的满足。

（2）分割出的组团较大，组团内道路较难组织。

方案二

1. 优点：

（1）建筑基本为正南北向，有利于日照条件的满足。

（2）沿城市道路形成了许多三角形开放空间，易于产生丰富的街道空间场所。

（3）小区朝向一致，辨识度高。

2. 缺点：

（1）内部道路与城市路网系统斜交，不利于交通疏解，且有畸形四岔路口出现。

（2）公共设施位于局部形成的畸形地块，面积规模等无法合理保证。

试题四

1. 产业选择方面存在问题及改进措施如下：

（1）大力发展第二产业不合理。该县地处省级风景名胜区，依山傍水，环境优美，应大力发展第三产业，适度开发符合条件的第二产业。

（2）废旧家电拆解企业，污染环境，环保成本高，属禁止企业，不宜引进。

（3）民居富有特色，文化底蕴深厚，应限制房地产开发，以免破坏城市风貌。

2. 选址管理方面存在问题及改进措施如下：

（1）A、B、C企业均不符合以划拨方式提供国有土地使用权的条件，规划部门无权办理选址意见书。

（2）A企业选址不合理，农副产品加工企业应强调对外交通联系，选址位于镇区西侧，远离省道不合理，选址应靠近省道和远离风景名胜区。

（3）C企业选址占用省道不符合要求，应避开省道，可适当向北空地发展。

（4）B企业污染严重，环境协调性差，应远离河道和风景名胜区。

试题五

1. 货运通道选线方案 B 较好。

1）选线 A

（1）优点：利用现有国道，经济投资少，现状设施利用方便。

（2）缺点：远离铁路货场，与货场连接不便；线路穿过镇区，货运交通和镇区交通相互干扰；与对外以及公路和高速公路连接距离较远，运输货物不便。

2）选线 B

（1）优点：靠近货场便于运输；线路与镇区交通无干扰；与一级公路和高速公路直接连接，形成良好的单纯货运通道。

（2）缺点：新建公路，初期经济投资比较大。

2. 公共汽车客运站选址方案乙较好。

1）选址甲

（1）优点：靠近对外公路，对城区交通干扰较少，位置独立，便于建设。

（2）缺点：车站与客流被一级道路分割，对公路交通和人流安全均造成影响，车站离镇区（客源密集区）距离较远，乘车不便。

2）选址乙

（1）优点：靠近镇区中心（客源密集区），紧邻城区主干道，乘车方便，车站与客流联系畅通，服务性好。

（2）缺点：对城区用地发展略有干扰。

> 选址题型一定要慎读题干，均有暗示方案优劣。

试题六

该项目选址的不当之处如下：

（1）项目用地占用进村道路不符合要求。

（2）项目用地侵占耕地、林地不符合政策要求。

（3）规划建筑占用古树名木显然错误。

（4）项目用地占用河道规划控制绿线不符合要求。

（5）建筑容积率、拟建建筑高度过高，破坏历史文化名村风貌，不符合要求。

（6）建筑形体及风格与村庄建筑风貌不协调。

试题七

1. 建设单位和规划局双方在程序和内容上存在的问题如下：

1）建设单位方面

（1）建设单位未申请办理建设工程规划许可证，属违法建设。

（2）建设单位应先请规划局进行验收，之后再组织竣工验收。未经核实或者经核实不符合规划条件的，建设单位不得组织竣工验收。

（3）申请行政复议的机关不符合规定，对作出具体行政行为部门（规划局）不服的，应向作出该具体行政行为部门的本级人民政府（市政府）或上一级主管部门（住建厅）申请复议。

2）规划局方面

（1）对符合条件但不属于本部门受理复议的申请，应在决定不受理的同时，告知申请人向有关行政复议机关提出申请，规划局不予受理程序不对。

（2）行政处罚决定书应按规定送达违法建设单位或个人，并签字。规划局寄送行政处罚决定书不符合程序。

3）行政处罚决定书实施步骤

（1）立案：一经发现，及时立案。

（2）调查取证：由两位执法人员共同进行调查取证。

（3）作出处罚决定：依据调查取证结果，作出处罚决定。

（4）送达：行政处罚决定书应予送达，签字确认。

（5）执行或申请法院强制执行。

2. 规划局可以撤销或收回行政处罚决定书。

规划局在出具行政处罚决定书的程序要素不合法时，可以撤销或收回，但应该向行政处罚相对人出具撤销行政处罚决定书。

此题的难点在行政处罚步骤，历年来第一次出现此考点。

2014 年度全国注册城乡规划师职业资格考试真题与解析

城乡规划实务

真　题

试题一（15 分）

西部某县属于严重缺水地区，县域生态环境脆弱，东北部山区蕴藏有较为丰富的煤矿资源，经济发展水平较低。2013 年县域常住人口 30 万人，呈现负增长态势，城镇化水平 38％，辖 9 个乡镇。规划期为 2013—2030 年，规划大力发展煤化工业，2030年县域常住人口 55 万人，城镇化水平 75％，县域形成由 1 个中心城区、5 个重点镇、3 个一般乡镇组成的城镇体系结构。规划镇布局、饮用水源保护区、省级风景名胜区、矿产开采及煤化工业分布如下图所示。

根据提供的示意图和文字说明，指出该规划存在的主要问题并说明理由。

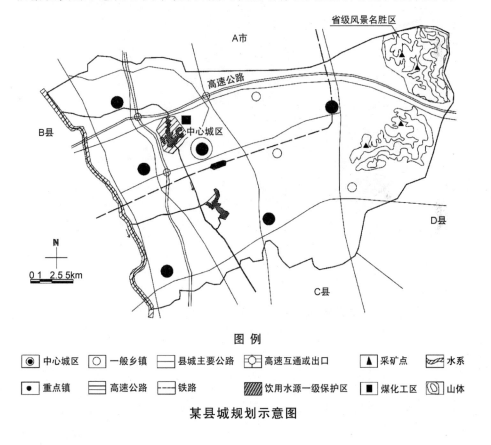

图　例

◉ 中心城区　　○ 一般乡镇　　▭ 县城主要公路　　⊗ 高速互通或出口　　▲ 采矿点　　▨ 水系

● 重点镇　　▤ 高速公路　　--- 铁路　　▨ 饮用水源一级保护区　　■ 煤化工区　　�«» 山体

某县城规划示意图

试题二（15 分）

北方某县生态环境良好、资源丰富，随着高速公路、高速铁路的规划建设，为该县产业升级、发展商贸物流创造了条件。县城位于县域中部的山间盆地。2012 年年底，县城常住人口 14.7 万人，城市建设用地 15.6km²，人均建设用地 106.1m²；经规划预测到 2030 年人口规模达 25 万人左右，建设用地为 27km²，人均 108m²。

县城老城区继续完善传统商贸服务业；在老城区东侧依托高速铁路站规划建设高铁新区及高新技术产业基地；加强西南部已有传统产业园区的升级与更新。规划布局详见下图。

请指出该总体规划在城镇规模、规划布局、道路交通等方面存在的主要问题并阐明原因。

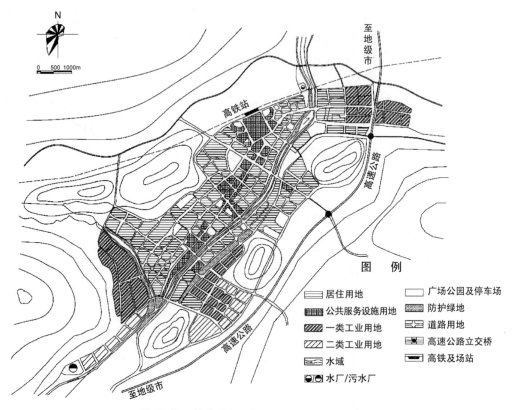

某县城总体规划示意图（2013—2030 年）

试题三（15 分）

下页图为北方某城市一个居住小区规划，基地面积含代征道路用地共 15hm²。用地西侧为主干路，北侧为次干路，南侧和东侧为支路。用地内为高层住宅；沿东侧支路设置商业设施；另设片区中心小学一所和全日制幼儿园一所，市政设施齐全；地段内还有一处省级文物保护单位。居住小区采用地下停车，车位符合相关规范。地段规划建设限高 45m。当地住宅日照间距系数约为 1.3，规划住宅层高 2.95m，层数见下页图。试分析该方案存在的主要问题及其理由。

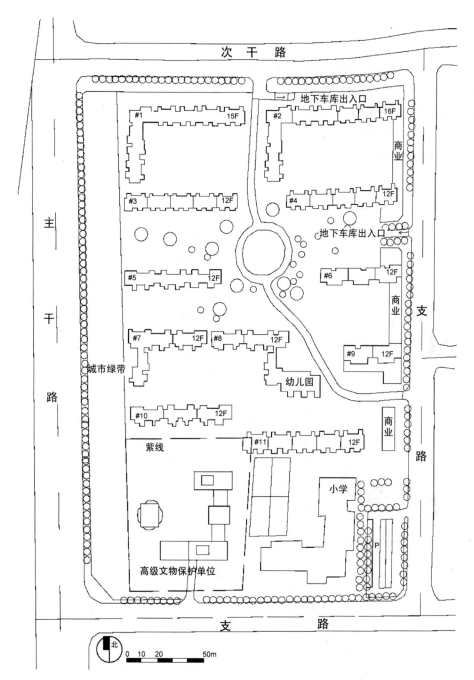

次 干 路

主 干 路

城市绿带

#1 15F
#2 16F
#3 12F
#4 12F
#5 12F
#6 12F
#7 12F #8 12F
#9 12F
#10 12F
#11 12F

地下车库出入口
地下车库出入口

商业
商业
商业

幼儿园

小学

P

紫线

高级文物保护单位

支 路

支 路

北
0 10 20 50m

居住区规划总平面图

试题四（10分）

某建制镇,地理位置优越,对外交通便利,距离省城 80km、距县城 50km、距邻市 20km。镇域现状人口 2 万人,镇区人口 1.5 万人,规划到 2030 年,镇域人口达 3.5 万人,镇区人口 2.3 万人。该镇有一个四级公路客运站(如下图站址 A),目前日输送旅客量 500 人,占地 0.5hm²,位于老镇区中心位置,周围为商业用地,再外围是居住用地。公路穿过镇区,拟将现状客运站搬迁新建,理由是该公路客运站用地规模偏小,秩序混乱,影响镇的形象。预测到 2020 年日发送旅客 1000 人左右。拟建新站如下图站址 B,规划仍为四级站,占地 1.5hm²。

　　试问:(1)分析该公路客运站旅客主要客流方向。

　　(2)该公路客运站搬迁理由是否充分?

　　(3)拟建新站有什么问题?

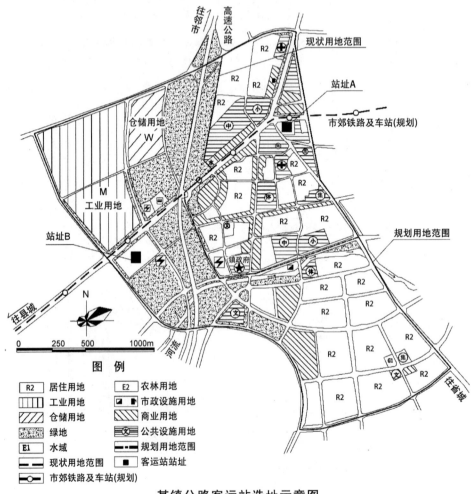

某镇公路客运站选址示意图

试题五(15 分)

　　某房企经土地拍卖取得一块约 60hm² 的居住用地的土地使用权,办理了相关规划许可,但搁置了 3 年未动工建设。市政府决定依法收回该土地并采纳市人大代表的建议,为改善城市环境和招商引资条件,适当增加绿地和商业用地,重新入市,尽快实施。

试问:为落实市政府要求,市城乡规划部门应依法履行哪些工作程序?

试题六 (15分)

某大城市在城市中心区外围规划有一处独立建设组团,主要功能为居住和公共服务。可容纳居住人口约4万人。组团整体地势北高南低,南临城市主要行洪河道,北倚山地林区,有东西方向的轻轨和干道与东部城市中心区联系,有3条南北向干道向北通往山地林区,其中,中间的南北向干道是通往市级风景名胜区的主要通道。

根据市卫生主管部门的要求,为完善城市中心区现状综合医疗中心的功能,在该组团选址建设一处综合医疗中心分院,服务人口约6万人,满足该组团及部分中心区居住人口就医需求,设置标准按40床/万人,用地规模按$115m^2$/床。医院建设单位提出如下选址方案:拟建设综合医疗中心分院占地约$5hm^2$,将原规划居住、绿化调整为医疗卫生用地,保留地块内的行洪河道要求,具体位置如下图所示。

试分析该选址方案的不合理之处。

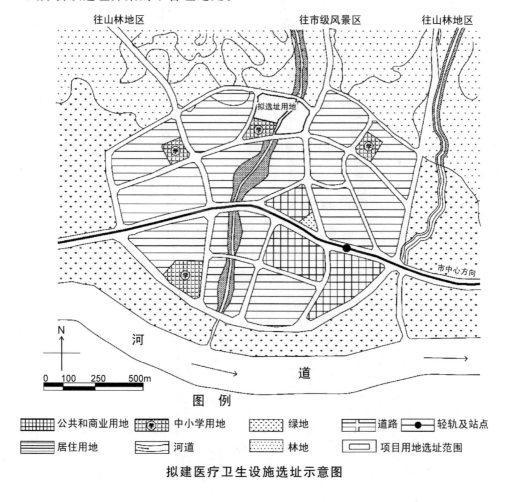

拟建医疗卫生设施选址示意图

试题七（15 分）

某国家历史文化名城市政府决定进行棚户区改造,棚改区西邻历史文化街区,北侧与已经建成入住的 6 层楼居住小区相邻(如下图所示)。市城乡规划部门依法确定了规划建设 4 栋商住楼的规划条件,某建设单位通过招拍挂取得了棚改区的土地使用权,并进行了开发建设。市城乡规划部门在竣工核实时发现,4 栋楼都突破了市城乡规划部门批准的方案,存在层高增加 50cm 的现象,致使每栋楼增高 3m。

试问:建设单位违反了哪些法规和规定?对该建设单位和这 4 栋楼应如何依法提出处理方案。

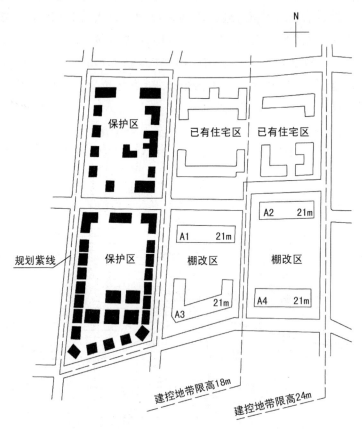

某棚户区改造规划示意图

真题解析

试题一

该规划存在的主要问题如下：

(1) 大力发展煤化工业不合理。县城属严重缺水地区，生态脆弱，大力发展煤化工业等耗水产业不合理。

(2) 城镇化水平发展过快，不符合县实际情况。县域严重缺水，呈现负增长态势，且地处西部生态脆弱区，城镇化水平 75% 显然不科学。

(3) 城镇结构不合理，重点镇过多，应适当减少重点镇，达到良好的金字塔结构体系。

(4) 风景名胜区内设置煤矿开采点，不符合相关法律法规要求；煤化工业区位置不当，紧邻水源保护区，此布局对水源造成污染。

(5) 中心城区对外交通规划不当，城区与高速公路接口位置较远且连接道路等级低；铁路客运站远离城区且被县域主要道路分割，明显不合理。

(6) 县域南部重点镇规划不合理，该镇周边资源缺乏，交通不便，定位重点镇不合理。

(7) 县域南部水源地也应划定保护区界限。

试题二

1. 城镇规模方面主要问题：规划用地规模不符合规范要求。现状人均用地 $106.1m^2$，规划人均用地指标只能减少，而规划人均用地为 $108m^2$，显然不符合规范要求。

2. 用地布局方面主要问题如下：

(1) 西南部工业区位置不当，此工业区地处山谷之中，且位于城市上风和上水方向，既不利于空气扩散也对水源造成污染，不合理。

(2) 污水厂位于河流上游，水厂布置在河流下游，不合理。

(3) 依托高铁站建设高新产业技术基地不当，且规划用地性质不符合高新产业用地需求。县城无优质高校、科研机构，高铁站与高新产业无直接关系，规划方案中的公共服务设施用地与高新产业用地亦不匹配。

3. 道路交通方面主要问题如下：

(1) 高速公路进城道路等级太低不符合规定；高速公路进出城连接口设置不合理，南侧连接口应往西南移动。

(2) 西南侧城市道路穿越山体，不合理。

（3）跨河道路等级、间距设置不合理。部分跨河道路等级低，完全没必要，且间距不够或过大。

（4）高铁站与广场被城市道路分割，易形成客流人员和城市交通的相互干扰。

试题三

该方案存在的问题及理由如下：

（1）北侧♯2楼16F（高度47.2m，大于45m），建筑高度不符合规划限高要求。

（2）♯11楼侵占省级文物保护单位紫线，不符合相关保护政策要求。

（3）♯1、♯2、♯7楼东西向住宅不满足日照规定，北方地区东西向建筑布局本就不利于采光，且方案中东西向建筑间距不满足规定，被南侧建筑遮挡。

（4）小区内部道路系统不完善，缺少贯穿的小区级道路、组团联系的组团路以及进户的宅间路，小区道路不满足消防通道的要求。

（5）♯7、♯8楼间距不够（小于13m），不满足消防要求。

（6）♯1、♯3楼围合组团总建筑长度超过220m，未设置4m×4m消防通道；西侧临街建筑总长度超过150m，未设置4m×4m消防通道，超过80m，未设置人行通道。

（7）小区对外停车场邻近小学不合理，对学校有较大干扰。

（8）幼儿园日照受遮挡且未独立设置。规划方案中，幼儿园日照受♯11楼遮挡，不满足日照要求；幼儿园与住宅建筑直接相连不合理。

试题四

1. 该公路客运站旅客主要客流方向为邻市，原因如下：

（1）镇距邻市距离最近，距县城50km，距省城80km，距邻市20km。

（2）镇与邻市交通最便利，镇与县城和省城主要为公路连接，而与邻市既有公路又有高速公路连接，且连接出入口方便。

（3）出行目的，去邻市最多，去县城主要为政务性事情，去省城主要为外出务工就业，而去邻市主要为居民日常出行和就业，客流量最大。

2. 客运站搬迁理由不充分，主要原因如下：

（1）规划四级客运站，规划期末日发送1000旅客，用地规模0.5hm²仍能满足用地需求。

（2）秩序混乱、影响镇形象均可通过交通管理和建筑修新完成，且国家禁止形象工程大拆大建，劳民伤财。

（3）现站址位置好，对外交通与客流方向一致且连接便利；对内邻近客源区，与城内交通联系方便，服务性好。

3. 拟建新址存在的问题如下：

（1）远离城区客源密集区，服务性差。

（2）站址与旅客流向不一致，且占用非建设用地。

规划四级客运站,按每100人500m²计算。

车站占地面积指标   m²/百人次

设备名称	一级车站	二级车站	三、四、五级车站
占地面积	360	400	500

试题五

为落实市政府的要求,市城乡规划主管部门应依法履行以下工作程序:

1. 配合土地部门,做好相关程序和文件需要,收回土地。

2. 撤销相关规划许可。

3. 增加绿地和商业用地重新入市,需要对该地块控制性详细规划依法进行调整,具体程序如下:

(1) 对修改地块控制性详细规划的必要性进行论证;

(2) 征求地块内利害关系人的意见;

(3) 向原审批机关(市政府)提出专题报告,经原审批机关(市政府)同意后,方可修改方案;

(4) 如涉及总体规划强制性内容,先修改总体规划;

(5) 委托有资质的编制单位编制修改地块控制性详细规划,并将修改草案予以公示,采取论证会、听证会等方式征求专家和公众的意见,时间不少于30日;

(6) 依据经批准的控制性详细规划,出具地块规划条件,作为土地入市挂牌出让合同的组成部分。

试题六

选址方案的不合理之处如下:

(1) 根据规定,医院所需用地规模约为27 600m²(6万人×40床/万人×115m²/床=27 600m²),选址规模5hm²(50 000m²),规模过大;

(2) 选址用地性质不符,医院选址位于居住和绿地与医院用地性质不符,应位于医疗卫生用地内;

(3) 医院选址紧靠小学,会对小学生的身心健康造成不利影响;

(4) 选址地块位于风景名胜区干道一侧不合理,干道过大的交通流将对医院产生噪声、大气等环境干扰;

(5) 医院同时为组团和市区服务(规划为6万人服务,大于组团4万人),位置应方便组团及市区就诊就医,故选址位置应靠近组团中心结合轻轨站点布置;

(6) 地块被河道分割,造成病人就医不便且基础设施投资费用增加,选址地块应完整且内部交通已形成的地块；

（7）地块位于山林、河道地势地处不利，容易有滑坡、泥石流及地基软化等地质灾害发生。

试题七

1. 建设单位违反的法规：建设单位未按照经批准的城乡规划进行建设，私自增加建筑高度，对周边北侧住宅日照及西侧历史文化街区保护要求均造成影响，其行为违反了《城乡规划法》《物权法》《历史文化名城名镇名村保护条例》《文物保护法》《城市紫线管理办法》等法律、法规。

2. 对建设单位处理方案：首先责令停止建设，对尚可采取改正措施消除对规划实施影响的，限制改正，处建设工程造价5％～10％的罚款；对不能采取改正措施消除对规划影响的，限期拆除，不能拆除的，没收实物。

> 违法建设是每年必考题目，在作答过程中一定要严密、有针对性，切莫乱答。

3. 对4栋建筑的处理方案，依据住建部《关于规范城乡规划行政处罚裁量权的指导意见》，建议如下：

（1）A1、A3建筑高度超过建筑限高，应限期整改，将高度降至18m以下并处违法建设造价5％～10％罚款；如不能整改，限期拆除。

（2）A2建筑高度符合规划控制，但对北侧建筑可能造成日照影响，影响业主权益，应征求利害关系人的意见，对尚能采取改正措施消除影响的，限制改正并处违法建设造价5％～10％罚款；不能改正的，限期拆除。

（3）A4建筑高度符合规划控制，但未按建设工程规划许可证建设，限期改正，无法改正的没收实物。

2017 年度全国注册城乡规划师职业资格考试真题与解析

城乡规划实务

真　题

试题一（15 分）

北方发达地区某县,地处平原,交通便利,南部与一特大城市接壤,县域西北部蕴藏有高品质、丰富的地热资源。

新编制的城市总体规划方案提出,2030 年县城总人口 65 万人,其中县城城镇人口 30 万人,建设用地 36km²,另外,保留原有信息产业示范区、物流产业园区、食品加工产业园区;在城镇建设用地外新增北部、中部、南部 3 个产业园区,位置如下图所示。同时,为满足市场需求,在县域西北部利用温泉资源规划一处温泉别墅区。

试问:该规划在上述几个方面存在哪些问题?并说明主要理由。

某县县域产业园区规划分布图

试题二（15 分）

下图为某县级市中心城区总体规划示意图,2030 年规划城市人口 21 万人,城市建设用地 22km²,其中居住区用地占城市建设用地的 45%。

该市具有丰富的农业、林业资源,对外交通便捷,有河流绕城区流过,北部为山地林区,南部为基本农田,西部为荒地。中心城区总体规划布局拟向西大力发展工业仓库,向南跨越国道建设现代居住新区。

试指出该中心城区总体规划方案的主要不合理之处,并简述理由及依据。

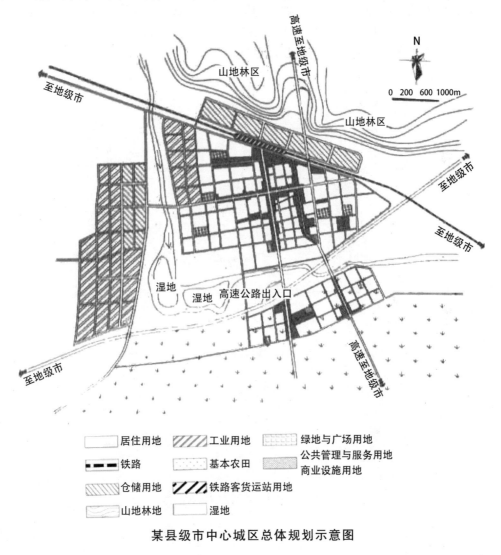

某县级市中心城区总体规划示意图

试题三（15分）

下图为北方城市一老居住小区改造方案，总体规划面积25hm²，主要规划条件及方案布局如下：

（1）地段南侧和东、西两侧为城市次干道，地段北侧为城市支路；

（2）依据项目策划建议，小区中心保留4栋18层塔式住宅，其他居住组团可适当采取围合式布局；

（3）小区北侧中部布置有幼儿园和文化活动中心，西南角布置小学，东南角是为小区及为周边地区服务的商业综合体，在其北侧和东侧设置地下车库出入口；

（4）小区设置地下车库，停车位数量符合规划配置标准。

试分析该方案存在的主要问题及理由。

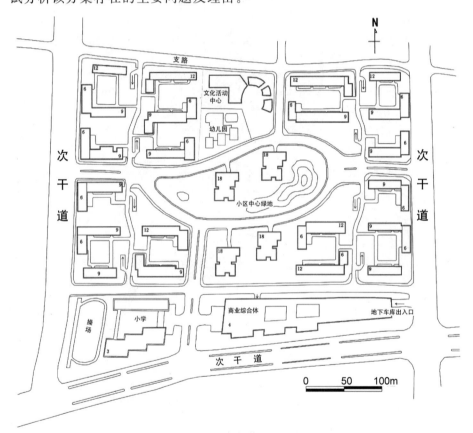

居住小区改造规划方案示意图

试题四（10分）

A市三面环山，是某大城市主城区周边的县级市，有一条干路与大城市主城区直接连接，南北分别有公路向西联系山区与乡镇，紧邻A市东侧有大城市主城区的绕城高速公路。规划一条从大城市主城区进入 A 市的轨道交通客运线，贯穿 A 市城区南北，现要结合规划交通站点，为 A 市的客运交通枢纽选址（见下图）。

试问：（1）请简述 A 市城市道路与对外交通衔接中存在的主要问题。

（2）请在甲、乙、丙 3 个位置中确定最佳的客运交通枢纽的选址，并说明理由。

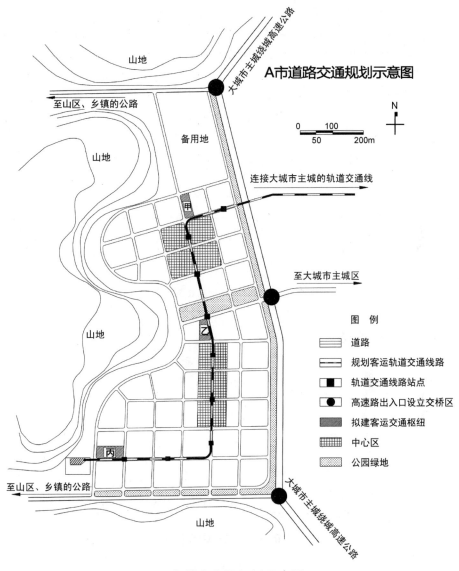

A市道路交通规划示意图

图 例

道路

规划客运轨道交通线路

轨道交通线路站点

高速路出入口设立交桥区

拟建客运交通枢纽

中心区

公园绿地

A 市道路交通规划示意图

试题五（15 分）

某国家历史文化名镇开展镇区环境综合整治，拟在符合已批准的历史文化名镇保护规划的前提下，在核心保护区内拆除部分危房（非历史建筑），同时新增必要的小型公益性服务设施,改善基础设施条件。

试问:该环境整治项目的主要规划程序有哪些?哪些事项须由规划部门会同文物部门办理或者征求文物部门的意见?

试题六（15 分）

某市政府拟出资与某所百年名校在校内共建一处兼具城市功能的 5000 座位体育馆。该校位于城市中心区,校区东、南侧为城市湖泊及支路,其北侧紧邻城市主干道,西侧为城市次干道。该校用地布局分明:北部教学区、南部生活区,校区东部环境良好,大部分建筑为国家和地方级文保单位及优秀历史建筑,已被该市公布为历史风貌保护区。校区西部为 20 世纪 70 年代后所拓展区域,该校现为新建体育馆提出了 3 处选址方案(详见下图)。

试问:请就 3 处选址方案逐一进行优缺点分析,并选一处为推荐选址。

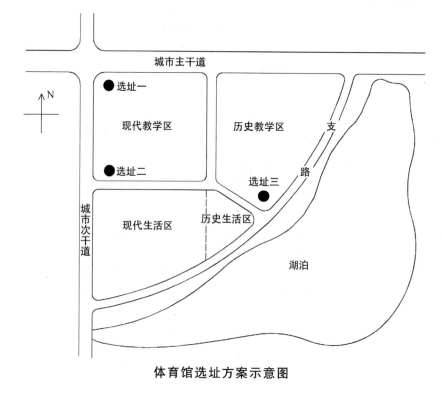

体育馆选址方案示意图

试题七（15 分）

某县一设计单位在向有关部门申请办理丙级城乡规划编制单位资质期间,与该县政府所在地的镇人民政府洽谈,签订了编制该镇控制性详细规划的合同。不久,向县人民政府城乡规划主管部门提交了该镇的控制性详细规划方案。

试问:上诉情况是否违法?说明理由,应如何处理。

真 题 解 析

试题一

该规划存在的问题及理由如下：

（1）城镇化率 $46\%\left(\dfrac{30\,万人}{65\,万人}\times100\%\right)$ 不科学，不符合发达地区和毗邻特大城市的条件。

（2）规划人均建设用地 $120\mathrm{m}^2\left(\dfrac{36\mathrm{km}^2}{30\,万人}\right)$，不符合国家规范。

（3）建设用地外新建各类开发区，违反《城乡规划法》规定。

（4）依托温泉资源开发别墅违反国家政策。

（5）县域各类产业园区过多且不受任何资源条件限制分散布局，造成基础设施建设和土地资源浪费。

（6）物流产业园区与县城单线联系明显不合理，且与铁路无运输线路衔接。

（7）北部、中部产业园区布局不合理，远离县城和南部特大城市，无产业向心集聚特性。

试题二

该规划存在的问题及理由如下：

（1）居住用地占比 45% 过大，用地结构不科学。

（2）人均居住用地面积达 $47\mathrm{m}^2\left(\dfrac{22\mathrm{km}^2\times45\%}{21\,万人}\right)$，超过国家强制性条文规定，不符合规范要求。

（3）向南建设现代新区，占用基本农田，违反法律法规。

（4）南北向至地级市高速横切山体，不合理。

（5）西侧工业组团、北侧仓储物流组团均与中心城区单向交通联系，不符合规划要求。

（6）河道东侧工业用地与居住用地无隔离且布局中心区不合理，应结合西侧组团布置。

（7）连接火车站与高速公路的城市主干道周边布置大量服务性用地，与道路功能不匹配，造成交通干扰。

（8）无市政公用设施用地布局，显然不符合规范要求。

试题三

该方案存在的问题及理由如下：

（1）北方小区不应采用围合式，东西向建筑日照不满足要求。

（2）幼儿园受18层建筑影响，日照不满足要求。

（3）公共活动中心位置不合理，应结合中心绿地布置。

（4）小区东西两侧沿街建筑退让道路红线不够。

（5）部分建筑之间距离不满足居住区北方铺设暖气管道间隔要求。

（6）小学与商业综合体之间对门互开，相互干扰影响。

（7）小区6层和9层建筑均设置地下车库不合理，地下车库出入口过多。

（8）商业综合体东侧地下车库开口与道路交叉口距离不满足规范要求。

试题四

1. A城市的城市道路与对外交通衔接存在以下主要问题：

（1）与大城市之间仅有一条主干路直接连接不合理，易形成进出城交通在这条城市道路拥堵。

（2）城市道路与南部对外公路全部直接相连，不合理，造成公路与城市道路交通安全隐患。

2. 推荐乙位置为最佳客运站选址，理由如下：

（1）对外交通便捷：选址乙靠近唯一一条直接通向大城市干道，且与绕城高速公路能快速交通分流，选址甲、丙则需要穿过中心城区或部分城区。

（2）选址乙地块北侧即为轨道交通，与轨道交通站点结合好，可方便快速换乘。而选址甲则与轨道交通站点有一定距离，不方便出行旅客换乘。

（3）选址乙靠近中心城区边缘，服务方便。城市汽车客运站应考虑服务功能，一般选址于城市中心区边缘，与甲、丙相比，乙服务更方便。

试题五

该环境整治项目需要的程序步骤以及需获批事项有：

（1）拆除建筑必要性论证。对拆除建筑的必要性进行论证，组织专家进行审查，征求利害关系人的意见。

（2）对拆除建筑的批准。拆除历史建筑以外的建筑物、构筑物或者其他设施的，应当经市、县人民政府城乡主管部门会同同级文物主管部门批准。

（3）新建建筑物核发选址意见书。由城乡规划主管部门依据保护规划进行审查，组织专家论证并公示后核发选址意见书。

（4）办理建设用地规划许可证。依据《城乡规划法》，经城乡规划主管部门办理建设用地规划许可证。

（5）核发建设工程规划许可证。城乡规划主管部门组织专家进行论证并公示，征求同级文物主管部意见后核发建设工程规划许可证。

（6）备案。

试题六

依据题干知晓，地块位于城市中心区，西部为校区拓展区域，东部为历史建筑风貌区，体育场馆需兼具对内和对外功能，3个方案优缺点对比：

1. 体育场馆兼具对内对外功能方面

选址三具有较好的对内服务功能，但兼具城市对外功能较差；选址一具有良好的城市功能，但对校区的服务功能较差，对生活区服务不便；选址二具有较好的对内对外服务功能。

2. 建设投资及城市风貌方面

选址三位于历史教学区，为公布的历史风貌区，拆除方面将涉及城市风貌问题，难度大；选址一和选址二位于校区拓展区，且均为20世纪70年代的建筑，在城市风貌和拆除新建方面相对选址三具有更大的可操作性。

3. 交通服务方面

选址三位于历史生活区和历史教学区，且四周均为支路，在交通方面不具有建设大型公共设施的交通服务能力；选址一位于城市中心区主干道南侧，大型公共服务设施不应对城市主干道开口，开口将会造成中心区交通拥堵；选址二位于城市支路和次干道两侧，能迅速疏散，具备承担交通服务能力。

故推荐选址二方案。

试题七

1. 上述行为违法。

2. 理由：依据《城乡规划法》，城乡规划组织编制机关应当委托具有相应资质等级的单位承担城乡规划的具体编制工作；城乡规划编制单位应当在资质等级证书许可范围内承担城乡规划编制工作。该设计院正在申请资质，处于无资质的状态，承担城乡规划编制工作明显违法。

3. 处理

（1）城乡规划组织编制机关委托不具有相应资质等级的单位编制城乡规划的，由上级人民政府（县级人民政府）责令改正，通报批评；对有关人民政府（镇人民政府）负责人和其他直接责任人员依法给予处分。

（2）未依法取得资质证书承揽城乡规划编制工作的，由县级以上地方人民政府城乡规划主管部门责令停止违法行为；由所在地城市、县人民政府城乡规划主管部门责令限期改正，处合同约定的规划编制费1倍以上2倍以下的罚款；情节严重的，责令停业整顿；造成损失的，依法承担赔偿责任。

2018 年度全国注册城乡规划师职业资格考试真题与解析

城乡规划实务

真　题

试题一（15分）

　　我国南方沿海某县,西北部为山区,中部为丘陵,东南部有少量平原缓丘及大面积海湾。海岸线长,海产资源丰富。南部半岛上有一处省级风景名胜区。该县近海海域是重要的海洋集聚区及生态环境高度敏感区域。该县在省级主体功能区规划中被确定为限制开发区。

　　县域现状总人口为48万人,其中县城城区人口为12万人。该县现状工业基础薄弱,第三产业以传统服务业为主。近几年,县里为提高经济实力,增加税收,大力发展第二产业,除保留原有的省级经济开发区外,新建东部工业园区及西部工业园区(位置如下图所示)。另外,政府还拟引进重大石化项目。

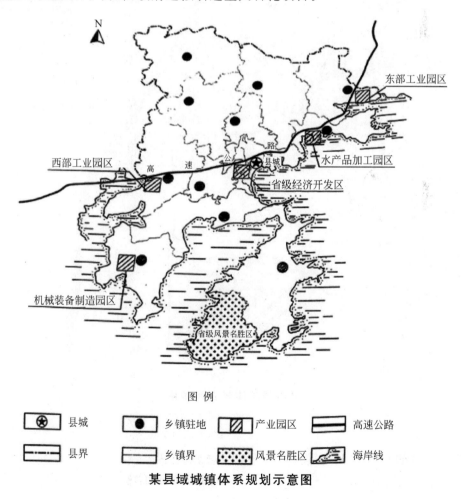

图 例

⊛	县城	●	乡镇驻地	▨	产业园区	▤ 高速公路
▣	县界	▭	乡镇界	▨	风景名胜区	海岸线

某县域城镇体系规划示意图

规划确定该县城的城市性质是新兴临港重化产业基地,区域重要的工贸、旅游城市。2035年县域总人口70万人,县城城区人口30万人。

试问:该县确定的上述发展策略有何问题并阐述理由。

试题二（15分）

下图为某县级市城市总体规划中心城区用地布局规划方案。该市位于Ⅱ类气候区,规划人口32万人。现状人均城市建设用地103.5m²,规划人均城市建设用地为112m²。

试指出该总体规划方案的主要不当之处并说明理由。

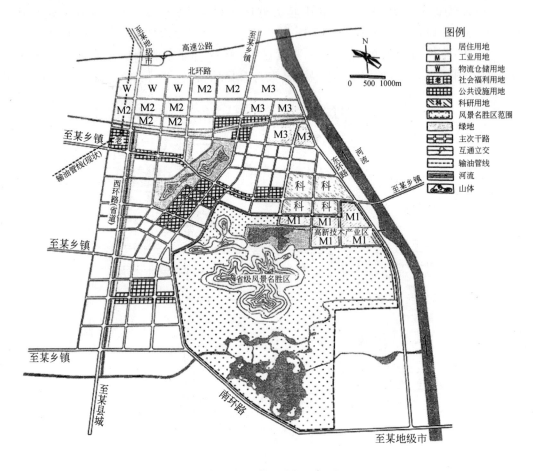

某城市总体规划示意图

试题三（15 分）

下图为中国北方某城市一个居住区规划,用地东临主干路,北临次干路,南侧和西侧均为支路。用地北侧和东侧均为已建成居住区,西侧用地为高速公路隔离绿化带,南侧用地为滨河绿化带。基地面积共计 40hm²。控制性详细规划给定的指标为容积率为 2,限高 70m,当地住宅日照间距系数为 1.6。按照控制性详细规划要求,地段内需要设置一处加油站。

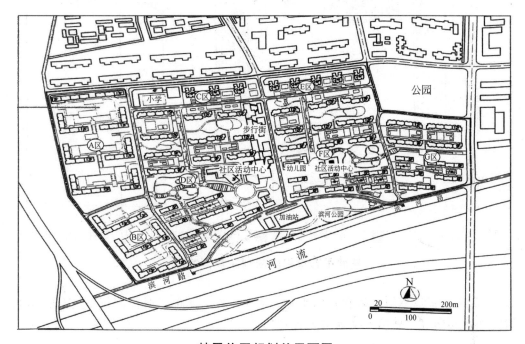

某居住区规划总平面图

居住区内规划多层和高层住宅,沿居住区中部南北向道路设置商业配套设施,另设片区中心小学和全日制幼儿园各一所。规划采用地下停车,出入口分布在各组团,出入口和车位数量符合有关规范。市政设施均能满足规范。

试分析该方案存在的主要问题并说明理由。

试题四（10 分）

根据相关规划,某大城市在市郊的地铁站点附近选址新建一处以汽车客运站(一级)为主体的客运枢纽。客运站用地临近城市主干路,主要承担长途和城乡客运,客运站旅客到发以轨道和地面公交出行方式为主;枢纽规划要求配置公交停靠站、出租车上(下)客区和社会车辆停放场地等各类换乘设施。

枢纽规划布局方案如下图所示。

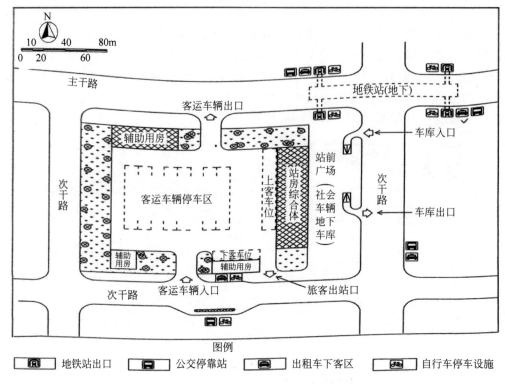

某城市客运枢纽规划布局方案图

试指出该客运枢纽方案存在的不足之处(不涉及道路交通标志、信号控制、渠化设计、标线和周边用地出入交通等内容)。

试题五（15分）

某晚清时期著名的私家宅院,坐落于省会城市的中心区,占地约 5hm² 。宅院的花园部分,采用巧妙的虚实组合的手法,使远处古塔成为园林的借景。目前,该私家宅院周边还分布着一些传统建筑。现省人民政府根据该宅院的历史文化价值及现状保存情况已将其公布为省级文物保护单位。根据《文物法》要求,应对其划定必要的保护范围与建设控制地带。

划定该私家宅院保护范围与建设控制地带时需要考虑哪些内容?

试题六（15分）

某省会城市医院,因床位紧张,绿化面积不够,门前主干路交通阻塞等原因,急需扩建改善。其北侧的学校已搬迁至新校区,原学校建设用地拟划拨给该医院,作为扩建高层住院楼的选址。

经规划部门初步核定：保留原门诊楼和住院楼,新建一栋高层住院楼,并结合庭院绿化新建停车场(见下图)。该院扩建完成后,基础设施基本满足配套,符合城市规划控制要求。

根据现状及规划要求,按照相关规定,在选址意见书中应提出哪些意见?

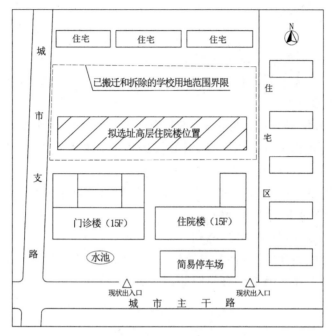

某医院扩建选址示意图

试题七 (15分)

某市一区属建设单位于当年3月10日收到该市规划行政主管部门发出的违法建设行政处罚决定书,他们认为存在程序瑕疵,例如未进行陈述和申辩权告知,未听取当事人意见等,不服该处罚决定。一周后,该建设单位向所在区人民政府申请行政复议,但未被受理,并被告知应向市人民政府或省建设行政主管部门申请行政复议。同年6月10日,该建设单位向市人民政府申请行政复议,可还是未被受理。

该建设单位可以申请行政复议吗?两次不被受理的原因是什么?还可以采取什么补救措施?

真 题 解 析

试题一

该县确定的发展策略存在问题及理由如下：

1. 城市性质定为重大石化产业基地不科学,不符合生态环境高度敏感、工业基础薄弱的现状资源条件。

2. 县域、县城规划人口规模过大,不符合主体功能区限制发展要求。

3. 拟引进重大石化项目不合理,海域周边为海洋物种聚集区、生态环境高度敏感区,显然不适合石化项目开发。

4. 大力发展第二产业为主导产业不科学,不符合县域海岸线长、风景名胜区、生态高度敏感等资源禀赋需求和限制。

5. 工业园区过多,布局分散,不利于集约发展。

6. 县域位于限制开发区,再大力新建工业园区不符合上位规划要求。

(注:题目问上述发展策略有何问题,其他均不是答题点。)

试题二

该总体规划的不当之处及理由如下：

1. 地处Ⅱ类气候区,规划人均建设用地 112m² (超过人均 110m² 标准)不符合规范。

2. 高新技术产业用地(M1)侵入风景名胜区范围,占用风景名胜区用地不符合规定。

3. 社会福利设施用地规划在现状输油管道用地上,存在安全隐患,不符合规定。

4. 北侧工业用地(M2、M3)位于城市用地上风向,对生活居住用地有影响,且未设置防护绿地。

5. 绿地系统布局机械,城市南部和东部缺少公共绿地明显不合理,绿地系统应均衡分散布局。

6. 西环路(省道)穿越城市用地且与城市道路过多平交,既影响省道交通安全又对城市交通造成冲击,明显不合理,西侧无防护绿地不符合规定。

试题三

该方案存在的主要问题及理由如下：

1. 24 层居住建筑高度超过 70m,不符合控制性详细规划限定。

2. 北侧 17 层、24 层建筑退距不满足要求,影响北侧已建住宅日照,不符合要求。

3. 北方小区采用围合式布局时,东西向居住建筑日照不好,特别是转弯处户型日照受影响,无法满足要求。

4. 中心小学用地面积不足,未设跑道不符合规定;位置较偏,不符合服务半径规定。

5. 幼儿园公共活动场地位于北侧,公共活动场地不满足规范要求(1/2 活动场地位于标准的建筑日照标准线之外)。

6. 加油站和河滨公园合建不符合要求,存在安全隐患;居住区出入口形成多个丁字路口不合理,应临城市主次干道独立设置。

7. 商业配套位于居住区内部,不易形成人气,对居住区生活也有干扰。

8. 西南侧建筑退高速公路匝道不够。

试题四

该方案的不足之处如下:

(1)站前广场未设置公交停靠站等主要交通集散设施。

(2)旅客出站口与地铁站距离远,不方便乘客换乘,不合理。

(3)汽车车库入口距离主干道交叉口过近,不符合规范要求;社会车辆出入口不应设置在站前广场上。

(4)客运站车辆出口直接开向主干道不合理,建议开向西侧次干道。

(5)客运车辆入口不应和出租车下客区靠近布置,会产生相互干扰。

试题五

1. 划定文物保护范围应考虑以下内容:

(1)文物保护部门的要求;

(2)文物建筑占地的范围;

(3)花园的范围;

(4)文物单位需要的基础设施用地范围;

(5)地下文物的保护范围。

2. 划定建设控制地带应考虑以下内容:

(1)对古塔视线廊范围内建筑风格、体量、限高的要求;

(2)周围传统建筑保护修缮和整体性风貌保护的要求。

试题六

依据现状及规划要求,选址意见书应主要提出以下意见:

(1)提出新建住院楼和停车场的位置;

（2）应考虑床位和停车位不够的实际情况，提出新建停车场的规模、住院楼的规模；

（3）提出拟建住院楼与原门诊楼、住院楼和住宅之间的日照间距要求；

（4）提出拟建住院楼与原门诊楼、住院楼和住宅之间的消防间距要求；

（5）提出绿化率的建设要求；

（6）提出医院内部交通和地块对外交通的组织要求。

试题七

1. 依据《城乡规划法》《行政复议法》该建设单位可以申请行政复议。

2. 两次申请行政复议，其不受理的原因分别是：

（1）区人民政府不受理的原因为受理主体不符合法律法规规定。对市城乡规划主管部门具体行政行为不服的，申请复议的主体为市人民政府或省城乡建设主管部门。

（2）市人民政府不受理的原因为超过具体行政复议期限。依据《行政复议法》，公民、法人或者其他组织认为具体行政行为侵犯其合法权益的，可以自知道该具体行政行为之日起 60 日内提出行政复议申请，此案 6 月 10 日已经超过 60 日受理期限。

3. 补救措施

还可以采取行政诉讼的方式进行补救。依据《诉讼法》，公民、法人或者其他组织直接向人民法院提起诉讼的，应当自知道或者应当知道作出行政行为之日起 6 个月内提出。两次复议均未受理且在诉讼期限，可以采取行政诉讼补救。

2019 年度全国注册城乡规划师职业资格考试真题与解析

城乡规划实务

真　题

试题一（15 分）

沿海某县,县城地形以平原为主,东南部河流入海口具有较好的建港条件。2018年县城常住人口约为 100 万人,城镇化水平 51%,近年来全县人口呈现净流出趋势,规划 2035 年常住人口达 120 万人,城镇人口 90 万人。依托港口发展化工等临港型产业,形成县城至港口的城镇发展主轴线,构建 1 个县城、1 个港口、5 个重点镇、6 个一般镇组成的城镇体系结构。某县域城镇体系规划示意图如下。

试分析该规划方案存在的主要问题并说明理由。

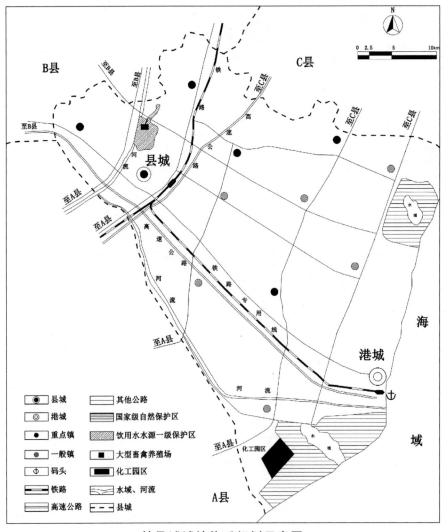

某县域城镇体系规划示意图

试题二（15分）

某县城城市总体规划为"两片区五组团"的结构,分别为东片区、西片区、风景旅游度假组团、职教服务组团、高铁组团、南部工业组团和西部工业组团。规划期末县城人口达 32 万人,总面积 36km²。某县县城总体规划示意图如下。

试从空间布局、用地布局、资源保护和交通组织等方面分析总体规划存在的主要问题并说明理由。

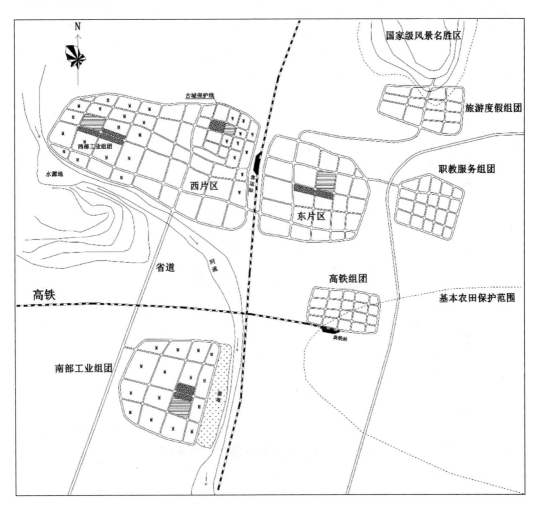

某县县城总体规划示意图

试题三（15分）

北方地区某居住区修建性详细规划，居住区占地面积230 000m²，用地性质为居住与商业混合，小区西侧与北侧为城市主干道，南侧为城市次干道，小区中部为城市支路，距离小区600m处有中学一所，幼儿园一所。小区地下车库出入口位于西、南侧，满足停车位数量要求，小区建筑层高3m，住宅均满足日照间距要求。

试问：该居住区规划存在的主要问题及原因有哪些？

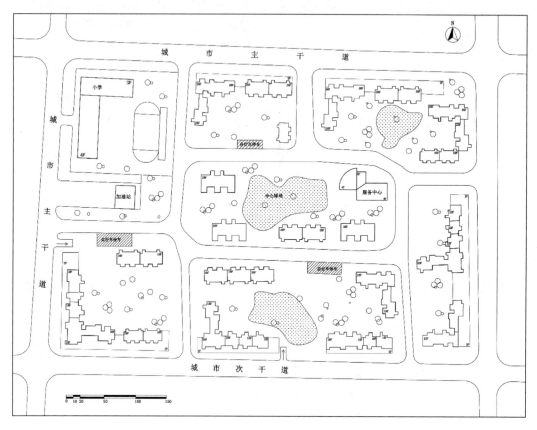

北方住宅小区修建性详细规划示意图

试题四（10分）

某城市沿江（长江）跨河发展，A组团主要为居住功能，位于城市发展轴线上。A组团内路网按300m×400m路网进行设置，南侧沿河规划为滨水景观带，组团内设置有轨道交通线站点、公交首末站各一座。A组团交通体系规划示意图如下。

试分析A组团交通体系规划存在的主要问题并说明理由。

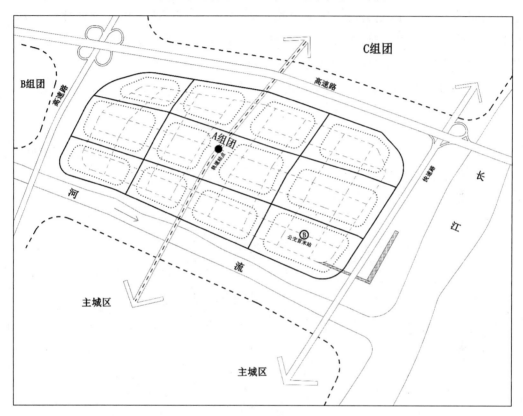

A组团交通体系规划示意图

试题五（15 分）

　　下图所示历史文化街区现状更新图,该历史文化街区分为东、西两片区,两片区内各有文物保护建筑一处,若干保存完好的历史建筑,为提升历史文化街区内居民生活环境,促进街区保护和发展,根据实际需求在历史文化保护街区内增加居住、商业、文化、交通等设施。按规划要求,为改善街区的交通问题,规划新建南北向道路一条、引入新建地铁线路,西侧文物保护单位按规划要求,拆除后改为街区商业建筑,为建地铁拟拆除部分历史建筑,拆除的建筑规划新建为现代商业设施和文化设施建筑。核心保护区东侧外有加油站一处,位于建设控制地带内。

　　试指出保护规划中存在的主要问题并说明原因。

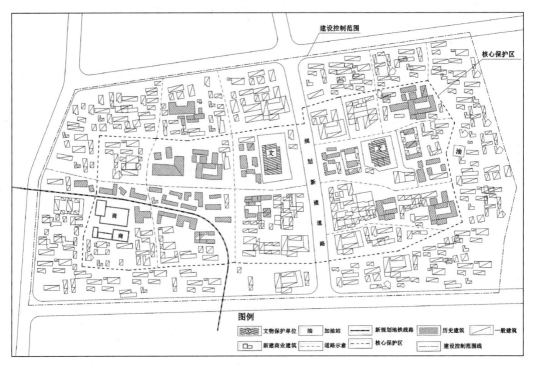

历史文化街区更新示意图

试题六（15分）

某市拟建设市级博物馆,选址北侧为文物保护单位,该用地处于文物保护单位的建设控制地带以内,西侧为河流及山景风景区,东侧为小学校,小学校北侧为居住区,南侧为商业区,市政配套设施满足要求,具体详细见下图。

试问:根据周边环境条件,说明选址意见书的规划条件主要应考虑哪些方面并陈述理由。

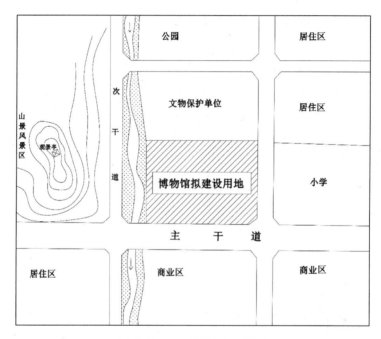

博物馆拟选址位置示意图

试题七（15分）

某企业为建设市政工程项目,申请 800m² 临时厂房,经批准,临时工程使用期限两年,两年后自行拆除。该工程一年后提前完工,施工企业按临时厂房实测面积900m² 将其租赁出去作为商场使用,合同约定租期两年。商场开业不久后被查处并确定为违法,被执法机关告知限期拆除并罚款,该单位以租赁未到期为由,逾期未拆,也未缴纳罚款。

试问:1. 建设单位哪些行为违反了《城乡规划法》?

2. 该情况由何部门进行查处?

3. 建设单位逾期未拆除理由是否合理,为什么?

4. 应该如何处理?

真 题 解 析

试题一

该规划方案存在的主要问题及理由如下：

1. 规划到 2035 年城镇化率达 75％$\left(\dfrac{90 \text{万人}}{120 \text{万人}} \times 100\% = 75\%\right)$不科学，与全县近年人口呈净流出趋势的实际情况不符。

2. 城镇等级结构不合理，等级体系中重点镇过多且部分镇不具备重点镇条件。

3. 城镇空间结构应着重强调城镇发展主轴，而规划重点镇远离城镇发展主轴显然不合理。

4. 城镇发展主轴交通体系较弱，应增加发展主轴方向路网密度，特别是县城与港城之间的直接联系。

5. 大型畜禽养殖场位于饮用水水源一级保护区违反法律法规。

6. 化工园区规划位置不合理，应远离自然保护区，结合港口布局，利于产业发展和生态保护。

7. 县城与高速公路联系不便；铁路客运站距离县城较远且被公路分割，不便于利用。

备注：上述第 3 点，如果写成"重点镇远离产业发展主轴"，是不得分的，不是"产业发展主轴"。第 4 点写成"提高公路等级"不得分，因为图例只有"其他公路和高速公路"。第 6 点，写成"化工园区对水域造成污染"不得分，写成"远离自然保护区"得 1 分，写成"规划位置不当，远离自然保护区，结合港口布置"得 3 分。

试题二

该规划存在的主要问题及理由如下：

1. 空间布局：①城市用地分散，配建基础设施投资大，土地利用不集约；②组团功能分散，居民出行成本高。

2. 用地布局：①西部工业园区位于水源地、居住区上风上水不合理，对水源和居住环境易造成污染；②铁路客运站侧布置仓储物流用地不合理，如为客货两用，应分开设置。

3. 资源保护：①高铁组团侵占基本农田，旅游度假组团侵占国家级风景名胜区用地违反国家法律法规；②古城保护范围内建设物流仓储用地不合理，不利于风貌保护，应规划与古城保护相匹配的相关产业用地。

4. 交通组织：①高铁站位置远离中心城区不合理，应结合城市中心（东、西片区）

布置,宜与普通铁路客运站结合设置;②片区之间、其他组团之间交通联系为单一道路不合理,易形成交通拥堵;③县城缺少与过境高速公路的衔接,显然不合理。

试题三

该规划存在的主要问题及理由如下:

1. 小区建筑高度(以 28 层建筑计算:$28 \times 3m = 84m$)超过住宅建筑高度控制最大值 80m 的规定,不符合规定。

2. 加油站规划不合理,加油站与小学、住宅的距离过近,有安全隐患。

3. 居住区配套设施不满足规范要求,应按规定配套幼儿园、文化活动站、社区服务站等基本社区服务设施。

4. 小学学校开口不合理,应避免学生进入主干道或穿越主干道造成危险,建议开口于居住区内支路。

5. 沿街建筑长度超过 150m 未设置穿过建筑物的消防车道,不满足城市消防要求。

6. 西侧主干道开口过多,西侧车库出入口与支路交叉口距离不满足要求。

7. 居住区地下车库出入口数量不够,应在北侧、东侧增加出入口,以便良好服务居民。

试题四

该规划存在的主要问题及理由如下:

1. A 组团与 B 组团之间无交通联系,与主城区、C 组团之间仅有一条道路直接连接,显然不符合规划要求。

2. A 组团与周围高速公路和快速路均无衔接,缺少对外交通,应设置和快速路的交通衔接,既增加 A 组团的对外交通又增加与 C 组团、主城区的交通联系。

3. 轨道交通站点与公交首末站距离过远,不方便换乘。

4. A 组团南侧具有沿河景观,休闲步行道应结合南侧河道景观一并设置。

5. 轨道站点、景点、步行道之间应设置非机动车专用车道。

6. 300m×400m 间距不符合标准,根据《城市居住区规划设计标准》(GB 50180—2018)规定,居住功能区道路长度不应超 300m。

试题五

该规划存在的主要问题及理由如下:

1. 文物保护单位禁止拆除,拆除文物保护单位违反《文物保护法》。

2. 规划新建道路穿过历史文化街区不合理,破坏历史城区整体风貌、格局和尺度,新建道路应安排在历史文化街区外围。

3. 新建地铁穿越历史文化街区不符合规定,地下轨道选线不应穿越历史文化街区。

4. 拆除历史文化街区内的历史建筑建设商业、文化设施不符合规定,历史文化街区内的历史建筑禁止拆除。

5. 新建建筑体量、尺度过大,风格现代,与核心保护范围对建筑的高度、体量、风格、色彩、材质等具体控制要求和措施不符,严重破坏街区风貌。

6. 加油站位于核心保护区边缘,其建筑风格和火灾风险均对保护区不利,应予迁出。

试题六

选址意见书的规划条件主要应考虑:

1. 用地性质和面积的要求,应符合城乡规划和博物馆的用地需求。

2. 容积率、建筑密度、绿地率、建筑高度等开发强度指标条件,需满足博物馆的建设要求。

3. 博物馆形式、体量、风格、色彩等应满足文物保护单位建设控制的要求。

4. 周边建筑及博物馆自身对山景风景区的视廊要求,不应遮挡或破坏整体环境景观。

5. 河流蓝线、景观绿线的退距要求,对文物保护紫线的退距要求,河道行洪、防洪安全等周边用地的退距的要求。

6. 博物馆用地的开口、交通线路组织应考虑周边建筑情况,特别要注意与小学的上下学人流交通关系,避免安全隐患。

7. 该片区城乡规划的其他指导性要求。

试题七

1. 建设单位的下列行为违反了《城乡规划法》:

(1) 超出批准面积进行厂房建设;

(2) 改变厂房使用性质为商场;

(3) 超过批准期限进行违法租赁经营。

2. 建设单位的违法行为应由自然资源主管部门查处。

3. 该企业逾期未拆除的理由不充分,根据《城乡规划法》,建设单位未按照批准内容进行临时建设的由所在地城市、县人民政府城乡规划主管部门责令限期拆除,可以并处临时建设工程造价 1 倍以下的罚款。建设单位违法事实清楚,租赁合同基于违法建筑为前提,因此按租赁合同未到期而逾期不拆的理由不成立。

4. 应按以下步骤处理:①执法机关再次告知限期自行拆除,缴纳罚款;②逾期不拆除、不缴纳罚款的,由县级以上地方人民政府责成有关部门采取查封施工现场、强制拆除等措施,申请法院强制执行缴纳罚款。

2020 年度全国注册城乡规划师职业资格考试真题与解析

城乡规划实务

真 题

试题一（15 分）

东南沿海某县级市，乡镇经济发达，耕地资源紧张，该市正在进行国土空间的编制规划（见下图），提出按照自然保护地差别化管理要求，将国家公园的核心区划入生态保护红线，在国家公园核心区局部搬迁居民点，复垦增补一定数量的耕地。

对国家公园一般控制区制定具体监管办法，明确不破坏生态功能的适度旅游和必要的公共服务设施，同时为了促进经济发展和乡镇工业用地整合，在中心城区南侧规划填海建设热电厂和产业园区。

试指出该规划存在的主要问题，并阐述理由。

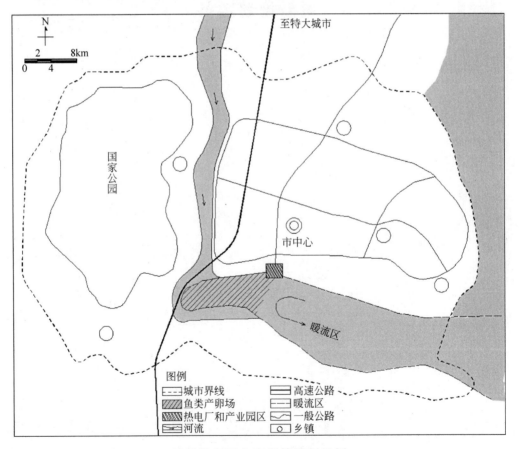

某县级市国土空间的编制规划

试题二（15分）

某滨海县城用地规划方案（如下图所示），规划确定该县城市性质为风景旅游城市和临港制造业基地，中心城区人口规模 35 万人，空间结构为组团分布。

试从空间布局、交通组织、资源保护方面分析该规划存在的主要问题，并阐述理由。

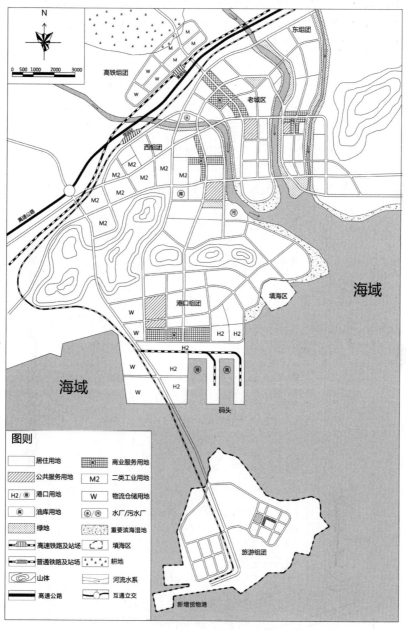

某滨海县城用地规划方案

试题三（15分）

北方某居住小区规划（如下图所示），规划用地面积为 18.5hm²，用地四周为城市主次干路，东侧邻近为小区配套的小学和幼儿园，南侧为滨河生态绿带。西临一所中学，北侧为已建成居住小区。

居住建筑设计层高 2.9m，多层建筑日照间距系数为 1.8，高层建筑为 1.2，小区公园绿地中设置了 8% 的体育活动场地，地面机动车停车位数量为住宅总套数的20%，地下停车库的车位数量、出入口、绿地率及其他配套设施均满足规范要求。

试指出该规划存在的主要问题，并阐述理由。

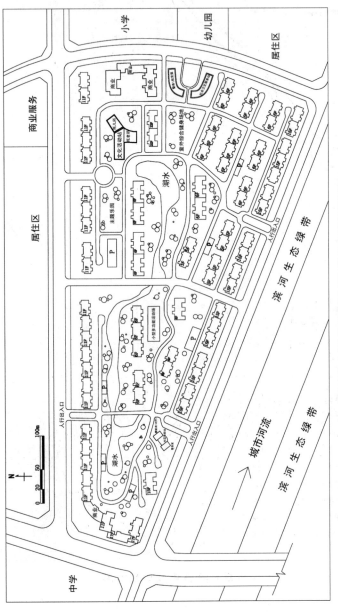

某历史文化街区控制性详细规划示意图

试题四（10分）

A片区位于某大城市中心城区（如下图所示），南侧紧邻大型城市公园，公园北侧规划建设以商业商务和市级公共服务功能为主的城市次中心，其他区域以居住功能为主。

规划形成方格状道路系统，道路间距350～400m，地铁线路从A片区南北向穿过片区，规划设置地铁站一处，临纬三路规划一处公交枢纽站。

试指出，A片区在交通规划中存在的主要问题并阐述理由。

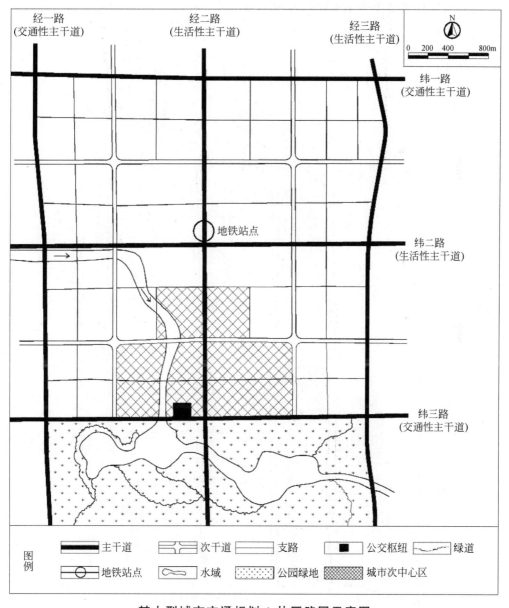

某大型城市交通规划A片区路网示意图

试题五（15分）

某历史文化街区的控制性详细规划划定了核心保护范围及建设控制地带（如下图所示），一并划定了地下文物埋藏区保护界线。

为做好历史文化街区的消防安全工作，规划一处一级普通消防站，同时为丰富广大居民文化生活，规划将娘娘庙周边空地改造成小型剧场。考虑交通优化，在街区西南角院落内规划增加地铁出入口一处，而且利用街区西北角现状小广场规划地下停车位。

试指出该规划存在的主要问题并阐述理由。

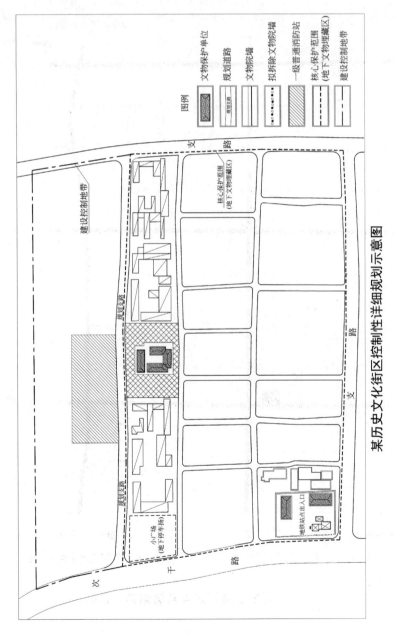

某历史文化街区控制性详细规划示意图

试题六（15分）

　　某省级高速公路已被列为该省重点交通项目,高速公路选址穿过国有林场、纳入河道管理的河滩、村庄及永久基本农田,占用地分别为 A、B、C、D,如下图所示。

　　试回答以下问题:

　　1. 该项目是否占用新增建设用地指标?

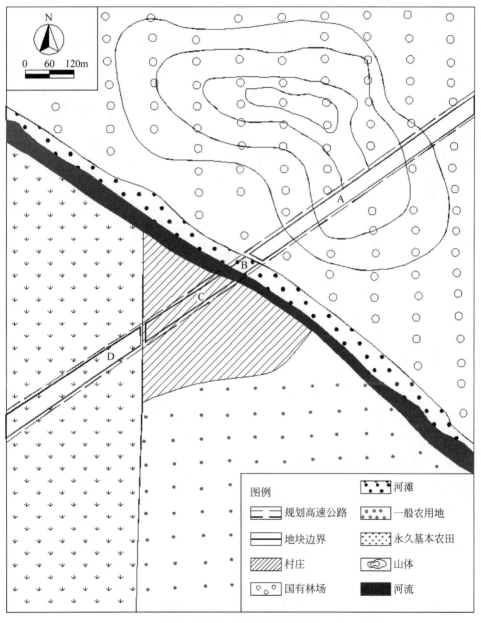

图例
河滩			

某高速公路项目选址示意图

2. 该项目哪些地块涉及农用地转用审批？分别阐述 A、B、C、D 各地块是否涉及的理由。

3. 该项目哪些地块涉及土地征收审批？分别阐述 A、B、C、D 各地块是否涉及的理由。

4. 该项目涉及农用地转用的审批权和涉及土地征收的审批权分别在哪级政府？阐述理由。

试题七（15 分）

为统筹农村人居环境，推进乡村振兴，某镇三个相邻的行政村共同组织编制新的村庄规划，规划方案预留 8% 的建设用地为机动指标，为落实"一户一宅"的国家政策规定，局部调整了生态保护红线以新增部分宅基地。并且，为促进产业发展，三个村共同建设了小型农产品加工厂和农机具制造厂，为改善交通条件，将原联系三村之间 3m 的宽土路改造为 9m 水泥路。

试指出该村庄规划存在的主要问题并阐述理由。

真题解析

试题一

该规划存在的主要问题如下:

(1)仅将国家公园核心区划入生态保护红线不符合政策规定,国家公园应整体划入生态保护红线。

(2)国家公园核心区局部搬迁居民点不符合法律法规要求,生态保护红线内,国家公园核心保护区原则上禁止人为活动,应全部搬迁。

(3)国家公园核心区复垦增补耕地不符合政策要求,自然保护地核心保护区的耕地应有序退出。

(4)规划填海建设违反国家规定,严禁新增围填海建设项目。

(5)规划热电厂和产业园区位于鱼类产卵区,破坏生态环境,不合理。

(6)耕地资源紧张,规划新增产业用地不合理;高速公路与市中心距离较远,交通联系不便。

(7)县级市对国家公园一般控制区制定具体监管办法不符合规定,应由省级人民政府制定。

试题二

结合《国务院关于加强滨海湿地保护严格管控围填海的通知(国发【2018】24号)》和《海岸线保护与利用管理办法》分析该规划存在的主要问题。

1. 空间布局方面

(1)城市用地分散,土地利用不集约,基础设施建设投资成本、居民出行成本高,城市生活氛围不浓厚。

(2)工业用地位于城市主导上风向不合理,易对城市造成污染。

(3)旅游组团新增货物码头不合理,与旅游组团性质不符,应结合现有码头设置,旅游组团缺乏旅游功能用地布局。

(4)高铁站周边布置大量物流、工业用地不合理,货运站南侧布置居住用地不合理,规划用地服务与站点功能不匹配。

2. 交通组织方面

(1)高铁站远离城市中心区,位置设置不合理,应布置在中心城区内。

(2)高铁组团、旅游组团与相邻组团间为单一交通联系,不符合规范要求。

(3)城市交通与高速公路仅一处连接不合理,应在北侧增加一连接口,避免城市外出拥堵。

3. 资源保护方面

（1）港口组团规划围海造地违规，违反国家严控新增围海造地政策规定。

（2）污水处理厂位于严格保护岸线内违规，滨海旅游城市的重要滨海湿地为严格保护岸线，禁止设置排污口等永久性建筑物。

（3）石油仓库靠近居住区设置且未设置安全隔离，应结合港口码头在城市边缘独立设置。

（4）规划高铁组团占用耕地不合理，应尽量集约、节约，不占耕地资源。

试题三

该规划存在的主要问题如下：

（1）配建幼儿园位于小区外围不符合规范要求；配建小学、幼儿园服务半径较大不合理。

（2）小区公园绿地中设置 8％的体育活动场地不符合规范要求，应设置 10％～15％的体育活动场地。

（3）地面机动车停车位数量占住宅总套数的 20％，比例过大不合理，不宜超过 10％。

（4）西南角 17F 建筑侵占道路红线不符合规定。

（5）南侧沿河 15F 建筑与其北侧 6F 建筑间距不够，日照不满足要求；沿河布置高层建筑不合理，遮挡小区的景观视廊。

（6）托老所与其南侧 22F 建筑间距过近，日照被遮挡，不满足日照要求。

（7）北面和西北侧沿街建筑连续长度大于 150m，不符合要求，应设置穿建筑物的消防通道和人行通道。

（8）小区人行出入口间距过大，超 200m 不合理；文化活动站、托老所等配套设施分散布局不合理，宜集中布局、联合建设，并形成社区综合服务中心。

试题四

A 片区规划存在的主要问题如下：

（1）方格网道路间距 350～400m 不合理，路网间距过大，不满足中心城区内路网密度要求。

（2）规划地铁站数量及位置不合理，应增设站点数量以满足片区覆盖要求，地铁站点布设应结合次中心和居住区内客流服务的主要区域设置。

（3）纬三路规划为交通性主干道不合理，道路功能与周边用地功能不匹配，极大分割城市次中心、居住区与城市公园的功能联系。

（4）规划地铁站与公交枢纽站距离过远，换乘不便，不符合规范要求。

（5）规划支路直接与交通性主干道连接不符合规范要求。

（6）未结合水系、公园设置步行系统，部分支路跨河无必要。

试题五

该规划存在的主要问题如下：

（1）规划将娘娘庙及周边空地改造成小剧场违反《文物保护法》，根据规定，使用不可移动文物，必须遵守不改变文物原状原则，不得破坏文物保护单位及周边历史风貌和环境。

（2）拆除文物院墙违反《文物保护法》，文物院墙不得拆除。

（3）文物保护单位保护范围内建设地铁站违反《文物保护法》规定，保护范围内不得进行其他建设工程。

（4）地下文物埋藏区范围内建设地下停车场不符合规定，会对地下文物造成破坏且不应设置大型集中停车场。

（5）规划新建道路占用历史建筑不符合规范，历史街区内历史建筑禁止拆除，规划道路破坏原有街巷空间尺度和界面不符合规范要求。

（6）建设控制地带规划一级普通消防站不合理。大型消防站出入不方便，占地面积和建筑体量过大，不利于建筑风格风貌控制，应设置小型、隐蔽、适用的消防设施场站。

试题六

1. 该项目占用新增建设用地指标，除 C 地块为建设用地外，其他占用地均涉及非建设用地转为建设用地，占用新增建设用地指标。

2. 该项目 A、D 地块涉及农用地转用审批。①A、D 地块为农用地，需办理农用地转用审批手续；②B 地块为未利用地，不属于农用地，可直接转建设用地，无需办理农用地转用审批手续；③C 地块为建设用地，无需办理农用地转用审批。

3. 该项目 C、D 地块涉及土地征收审批。①A、B 地块为国有土地，无需征收。②C、D 地块为集体土地，按《土地管理法》应依法按程序征收。

4. 该项目涉及永久基本农田，因此整个项目的农用地转用审批和征地审批都由国务院批准。

试题七

该方案存在的主要问题如下：

（1）三个村作为村庄规划编制主体不合法，村庄规划编制主体为乡镇人民政府。

（2）预留 8% 建设用地机动指标不符合政策规定，不应超过 5%。

（3）调整生态保护红线不符合规定，村庄规划无权划定、调整生态保护红线。

（4）建设农产品加工厂和农机具制造厂不符合规定，不应在农村地区安排新增工业用地。

（5）村间道路宽度调整为 9m 不符合规定，按要求村道宽不应大于 8m，盲目贪大会增加经济负担和破坏村庄风貌。

2021 年度全国注册城乡规划师职业资格考试真题与解析

城乡规划实务

真　题

试题一（15 分）

某县现状：县城常住人口 39 万人，城镇化率 45％，沿河两岸分布大量耕地及多处保存完整的明清时期传统村落，在县域的北部、中部和南部有三片储量丰富的煤层气埋藏区。该县 2020 年空气质量优良天数比为 73％，人均水资源量为 630m³，现状耕地面积低于保护目标。

新编制的国土空间规划方案提出对三片煤气层储备区进行全面开发，在中部规划建设液化煤气层战略储备库；为提升城市的集聚能力，在县域西北建设一处 20km² 的工业园区；腾空部分传统村落发展文化旅游；加强生态修复，在河流两岸分别建设 500m 生态林带（见下图）；规划 2035 年县域常住人口 45 万人，城镇化率达到 70％。

试指出该方案的主要问题并阐述理由。

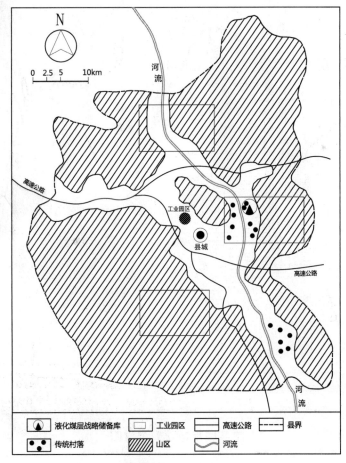

某县城规划示意图

试题二（15 分）

某县城用地规划方案（见下图），规划确定该县重点发展科教产业、制造业和旅游休闲产业。

试指出该规划方案在资源环境安全、用地布局、道路交通与重要基础设施方面存在的主要问题并阐述理由。

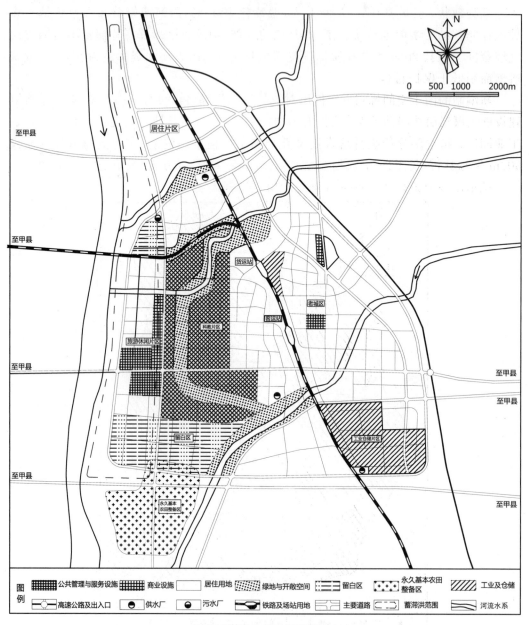

某县城用地规划示意图

试题三（15分）

下图为北方某城市居住小区规划方案,规划用地面积 23hm²,地段内现有地铁换乘站和大型商场,规划利用一处历史建筑加高作为小学,其余为新建。

小区规划共计 1800 户,为满足 5min 生活圈的居住配套设施标准,在规划地段北侧中部集中建设小学、老年中心、幼儿园、文化活动中心、社区中心、运动场地等。小区提供 500 个地面停车位及 1500 个地下停车位,大型商场设置独立地下停车库。当地住宅日照间距系数为 1.6,1～15♯楼的一～二层层高 4.5m,其余层层高全部为 3m。

试指出该方案存在的主要问题并阐述理由。

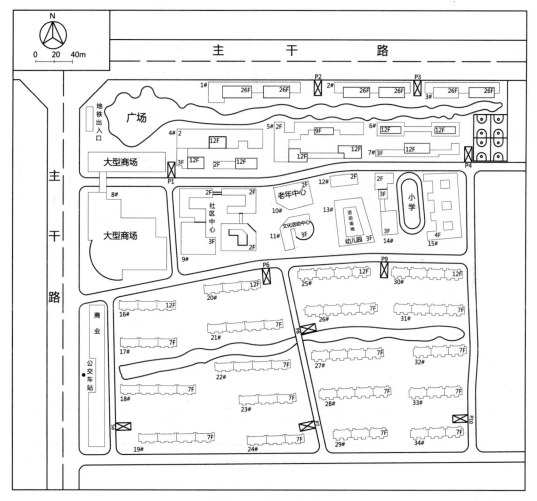

某居住小区规划示意图

试题四（10 分）

某省 A 市沿海港口拥有集装箱和干散货两大码头作业区,该省决定建设一条疏港高速公路联系海港和腹地城市,以强化港口辐射能力、推动沿线城市对外贸易经济发展。在经过 A 市中心城区附近时提出了三条线路比选方案(见下图),中心城区北侧设有国家级出口加工区,南侧为市郊公园。港口干散货作业区吞吐能力是集装箱作业区吞吐能力的 2 倍。

试指出:

1. 三条线路方案各自存在的主要问题。
2. 高速公路接向港口哪个作业区更优,请阐述理由。

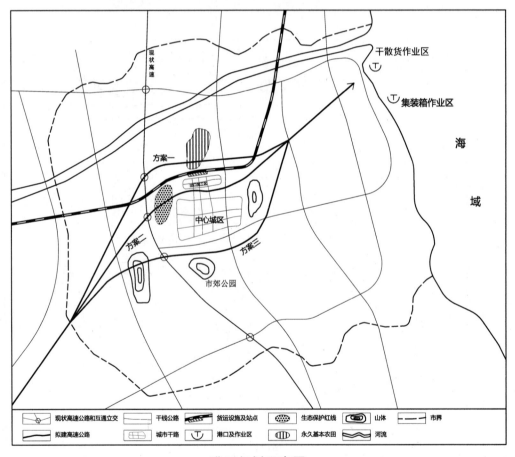

港口规划示意图

试题五（15分）

　　某历史文化街区保护规划方案划定了核心保护范围和建设控制地带,为了更好地处理防洪排涝问题,规划将历史河道进行适当拓宽,在现状多层住宅北侧的空地上规划一处历史文化街区的次高压调压站。活化利用现状二类工业用地发展与该街区相关的文化创意产业,同时保留现状一类工业用地(见下图)。

　　试从历史文化街区保护方面指出该规划存的问题并阐述理由。

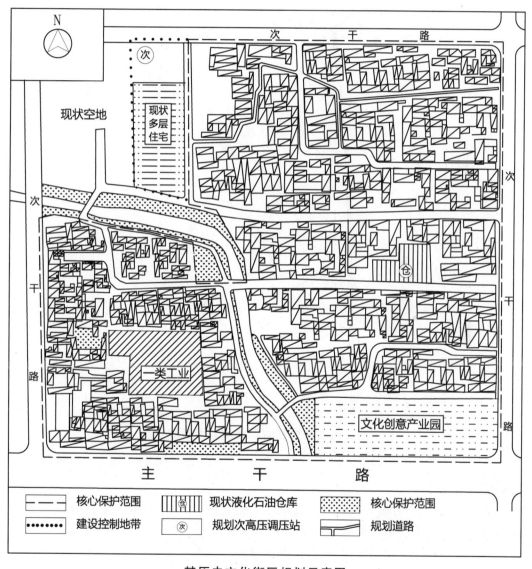

某历史文化街区规划示意图

试题六（15分）

某市拟建一处二级加油加氢站，项目周边环境要素如下图所示。项目西北方向的商业中心总建筑面积 50 000 m^2，南侧办公楼建筑面积 30 000 m^2，住宅楼总建筑面积 7000 m^2。项目用地涉河段堤防设计标准为 4 级。

试回答：根据项目周边环境要素，该项目建设的规划设计条件应重点考虑哪些内容？

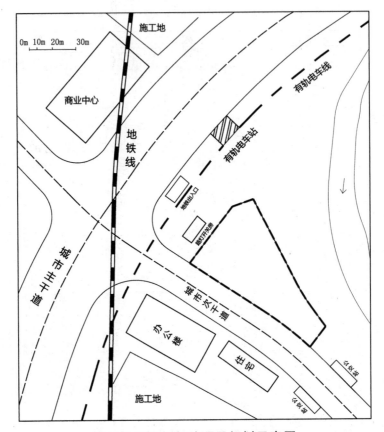

某二级加油加氢站项目规划示意图

试题七（15分）

某镇 2018 年 2 月被省政府公布为历史文化名镇，该镇人民政府委托一家具有乙级资质城乡规划设计单位编制历史文化名镇保护规划，并于 2019 年 5 月编制完成，向县人民政府报送了规划成果，县人民政府批准了该保护规划。

试问：

1. 上述保护规划编审工作存在哪些主要问题，请阐述理由。

2. 对存在问题应如何处理。

真 题 解 析

试题一

该规划存在的问题如下：

（1）三片煤气层储备区全面开发不合理，现状原本就严重缺水、空气质量不达标，全面开采将加剧水、空气污染等生态环境破坏，县域资源无法支撑全面开采。

（2）液化煤气层战略储备库选址占用传统村落不符合要求，不应占用传统村落，应远离居民点并符合安全距离要求。

（3）规划建设 20km² 工业园区不合理，规模大、占建设用地比例过高，且四面环山污染不易扩散，加剧县城空气污染。

（4）腾空传统村落发展文化旅游不符合规定，应保持传统村落的真实性，严禁以保护利用为由将村民全部迁出，应合理控制商业开发面积比例。

（5）建设 500m 生态林带不符合规定，规定要求严禁超标准建设生态林带，违规占用耕地绿化造林，并应增加耕地面积完成保护目标，严禁耕地"非农化"。

（6）规划人口 45 万不科学，该县属于严重缺水地区，人口增加不符合以"以水定城"的水资源约束条件。

（7）城镇化率快速上升到 70% 不科学，与县城资源环境承载能力和城市化发展规律不相符。

备注：我国人均水资源量约 2100m³，人均水资源量低于 1000m³ 属于严重缺水地区；根据 2018 年国务院发布的《打赢蓝天保卫战三年行动计划》要求，地级及以上城市空气质量优良天数比率应达到 80% 以上，根据生态环境部通报，2021 年 1—10月全国 339 个地级及以上城市平均优良天数比率为 87.5%。而该县级城市优良天数比率为 73%，说明空气环境已经很差。

试题二

该规划存在的问题及理由如下：

1. 资源环境安全方面

（1）城镇建设用地占用蓄洪区不符合要求，地质灾害风险区、蓄滞洪等安全隐患区域不应划入城市建设区域。

（2）建设留白区占用永久基本农田整备区不符合规定，非农业建设不得占用耕地，永久基本农田整备区耕地作为永久基本农田被占用时补划的区域，城市规划集中建设不应占用。

2. 用地布局方面

(1) 北侧单一功能居住区规划不合理,应避免形成单一功能的大型居住区,造成"钟摆式"交通和居住生活环境等问题。

(2) 绿地系统集中布置不合理,城市绿地系统应与城市片区结合分散均衡布置。

(3) 铁路货运站及场站位于城市中心区不合理,货运作业及运输对城市中心区交通和生活造成干扰,应结合南部工业仓库片区设置。

(4) 主要商业设施布置不合理,应设置于人气足和交通便捷的城市中心区位置,且不应沿西侧主要道路设置。

3. 道路交通方面

(1) 城市道路等级及结构混乱,缺少道路等级分工,应结合城市形态规划具有主、次、支三级道路网系统的良好结构。

(2) 西侧过境交通、高速公路、一般公路进城交通直接穿越城市中心区、老城区不合理,对城市内部交通形成冲击,造成安全干扰。

(3) 老城区与科教、旅游等新区之间跨铁路交通联系不合理,交通数量少且间距大。

(4) 客运站转换交通设置不合理,应设置与城市主干道以上级别道路衔接,以便疏散转换;中心区道路间距不符合规定,应按间距小于300m、密度不宜低于$8km/km^2$"小街区、密路网"要求设置。

4. 基础设施方面

(1) 西北侧污水处理厂位于城镇上游不合理,应位于城镇下游,方便自流接纳城镇污水。

(2) 南部污水厂远离河流水体不合理,宜接近水体便于处理污水的排放。

试题三

该规划存在的问题及理由如下:

(1) 历史建筑加高作小学不符合规定,历史建筑的使用不得危害历史建筑的安全,加高作为小学具有重大安全隐患。

(2) 幼儿园不满足冬至日3小时日照标准,幼儿园与25#住宅间距不满足日照退距要求;幼儿园活动场地不满足不少于1/2的活动面积在标准的建筑日照阴影线之外的规定。

(3) 小学、幼儿园与文化活动中心、社区中心等集中设置不合理,会干扰教学;小学不应属于5min生活圈配套设施标准,其用地性质不属于居住用地。

(4) 1#、2#、3#住宅建筑高度81m不符合规定,超过《城市居住区规划设计标准》(GB 50180—2018)规定的80m。

(5) 地面停车位数量不宜超过住宅总套数的10%,地面停车位数量占住宅总套数27%,超出标准。

（6）缺少公共绿地不符合要求，应集中设置满足人均公共绿地面积和最小宽度要求的公共绿地。

（7）非小区配套大型商业不应占用居住用地建独立地下车库，侵占小区配套指标；小区机动车停车库 P2、P3 向主干道开口不合理，对主干道交通造成干扰。

（8）小区道路系统不完善，缺少连接住宅建筑与城市道路的居住街坊内附属道路。

（9）规划新建公交站点与现有地铁出入口换乘不便，换乘距离不宜大于 50m；小区步行系统与公共交通站点连接不便捷，地铁站点 800m、公交站点 300m 范围内应设置高可达、高服务步行交通网。

试题四

1. 三条线路方案各自存在的主要问题如下：

（1）方案一占用永久基本农田不符合规定，且与需要服务的出口加工区被铁路分割，服务不便。

（2）方案二占用生态保护红线用地不符合规定，线路分隔出口加工区与中心城区，给城市用地造成割裂。

（3）方案三穿越山体增加建设成本，与国家级出口加工区距离过远，对出口加工区的服务能力大大缺失。

2. 高速公路衔接干散货作业区更优，吞吐量是货物集散的标志，由船舶航行、货物装卸、库场存储及后方集疏运协调完成，高速公路应优先衔接吞吐量大的港口作业区，提高转运速度，增加后方集疏运能力，满足吞吐量的要求。

试题五

该规划存在的问题如下：

（1）保留现状液化石油仓库不符合要求，历史文化街区内不得保留易燃易爆仓库，有安全风险。

（2）规划次高压调压站不符合规范规定，历史文化街区保护范围内不应新设置大型基础设施点，会造成风貌破坏和安全隐患。

（3）保留现状一类工业用地不合理，历史文化街区核心区不应保留工业产业，会造成污染，且与历史文化街区要求产业不匹配。

（4）二类工业用地发展文化创意产业园区用地性质不符合，历史文化街区不得保留或设置二、三类工业用地，规划用地中不应有二类工业用地，应将工业用地性质转换后，改变建筑空间功能，再发展创意产业。

（5）保护范围划定不合理，西北侧历史河道也应划入历史文化街区核心保护范围，西侧空地应纳入建设控制地带。

（6）历史河道拓宽不符合规定,历史文化街区应整体保护,保持传统格局、历史风貌和空间尺度,不得改变与其相互依存的自然景观和环境,拓宽河道会改变历史文化街区的空间尺度、界面及其相互依存的自然景观和环境。

（7）规划道路尺度过大破坏街巷格局不符合规定,应保持街巷原有空间尺度和界面。

（8）历史文化街区绿地集中沿河分布不合理,应结合空地梳理情况,增加绿地,均衡分布;规划应对现状多层住宅提出风貌管控措施。

备注:目前全国利用老工业厂房用地违法建设文化创意产业园、创新创业基地、文旅消费场所、工业休闲旅游区、工业设计办公楼的情况众多,提醒大家注意用地性质违法问题。

试题六

该项目建设的规划设计条件应重点考虑如下内容:

（1）项目用地性质和面积要求,应符合城市规划和二级加油加氢站用地需求。

（2）项目容积率、建筑密度、绿地率、建筑高度等开发强度指标条件,应满足项目建设要求。

（3）基地内开口、交通组织应满足城市交叉口、城市交通管理的要求。

（4）项目内建(构)筑物及设备退公交站、用地边界和城市道路距离应满足安全和城市控制要求。

（5）项目内建(构)筑物及设备退路灯开关房的距离应满足规范安全要求。

（6）项目内建(构)筑物及设备退地铁线、地铁出入口距离应满足规范安全要求。

（7）项目内建(构)筑物及设备退有轨电车站、有轨电车线距离应满足规范安全要求。

（8）项目内建(构)筑物及设备退商业中心、办公楼、住宅距离应满足规范安全要求。

（9）项目用地建设应满足涉河段堤防防洪要求和河道绿线控制要求。

（根据《汽车加油加气加氢站技术标准》(GB 50156—2021)。总建筑面积超20 000m² 的商店(商场)建筑、地铁的车辆出入口和经常性的人员出入口、隧道出入口为重要公共建筑物;总建筑面积超 10 000m² 的办公楼、写字楼等办公建筑为一类保护物;总建筑面积 5000～10 000m² 的居住建筑为二类保护物。)

试题七

1.规划编制审批中存在的问题如下:

（1）镇人民政府作编制主体违反规定,历史文化名镇保护规划应由县人民政府组织编制。

（2）编制单位资质不符合要求，历史文化名镇保护规划应当由具有甲级资质的城乡规划编制单位承担。

（3）编制时间不符合规定，历史文化名镇保护规划应当自历史文化名镇批准公布之日起1年内编制完成。

（4）县人民政府批准保护规划违反规定，保护规划应由省人民政府审批。

（5）编制程序不符合要求，保护规划报送审批前应当予以公告，并应征求有关部门、专家和公众的意见。

2. 对存在问题的处理如下：

（1）对县人民政府未依法组织编制、违法批准规划的问题，责令改正，通报批评；对有关人民政府负责人和其他直接责任人员依法给予处分。

（2）对镇人民政府违规组织编制、委托不具资质等级的单位编制规划的问题，责令改正，通报批评；对有关人民政府负责人和其他直接责任人员依法给予处分。

（3）对超越资质等级承担编制的规划设计单位，责令限期改正，并处罚款；情节严重的，责令停业整顿。

2022 年度全国注册城乡规划师职业资格考试模拟题与解析

城乡规划实务

模 拟 题 一

试题一（15分）

　　某大城市,市域北部为丘陵地区,南部为平原地区。市域范围内有两个主要城市 A 和 B,两城市相距 80km,另外有若干中小城市。城市 A 为市域的中心城市,规划人口规模 120 万人。城市 B 为滨海港口城市,规划人口规模 45 万人。其他中、小城市的规划人口规模 10 万～20 万人。市域内有一条现状国家级高速公路自南向北穿过。该市为促进当地社会经济的发展,提出了在近期重点选址新建石化工业园区、电子工业园区、区域性物流园区、新机场和环行高速公路等项目(详见下图)。

　　请指出上述建设项目在规划布局和道路交通方面存在的主要问题。

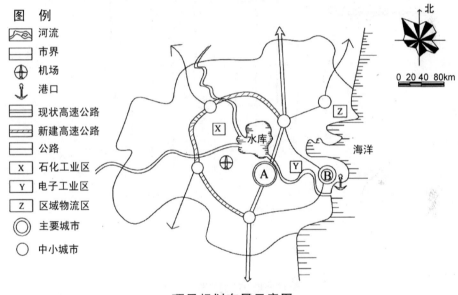

项目规划布局示意图

试题二（15分）

某县城,由一条西南—东北的高速公路 A 将城区分割两块,北侧为旧区,南侧为新区。高速公路 A 在城区有 2 个接入点,新区南侧有一条与高速公路 A 平行的高速公路 B,现在政府想对高速公路 A 进行改造。

方案一,将高速公路 A 的 2 个接入点,分别往外移至城市边缘区域,原有的城区段改为高架路,并通过主干道将旧区、新区连接,沿路布置防护绿地。

方案二,将高速公路 A 城区段向高速公路 B 移动,改造后与高速公路 B 共用一条公共走廊,不过因为线路移动,需要拆除城区外围一个镇区、一个村庄,如下图所示。

试分析上述两个方案的优缺点。

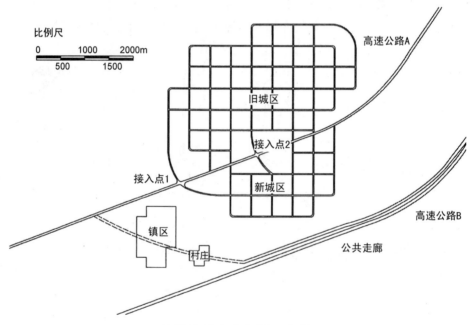

高速公路方案规划示意图

试题三（15分）

下图为某县级市城市用地发展布局和省道改线的两个方案。值得注意的是，该市西距人口 65 万人的地级市 40km，东距人口 5 万人的县城 30km，用地条件较好，西部为山丘坡地，东部较为平坦，水资源充沛，虽现状人口不足 10 万人，但近些年铁路通车后，社会经济快速发展，省域城镇体系规划中已确定其为重点发展城市。

试评析，哪一个方案对城市今后的发展更有利？为什么？

（注：不考虑人口规模预测及各项用地比例。）

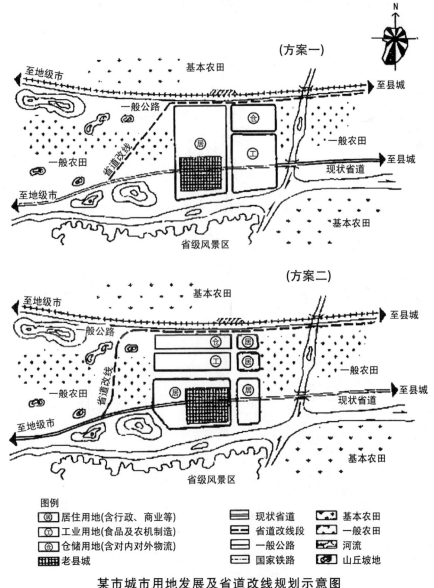

某市城市用地发展及省道改线规划示意图

试题四（10分）

某城市小区，北临城市主干道，南临城市次干道，东、西两侧为城市支路，总用地面积约 33hm²。现状市政管线已经埋入地下，已建成配电房可以满足小区改建后用电要求。该用地北侧已建成金融、商业服务中心和住宅；小区东北角为歌剧团；小区南侧已建成菜市场、商服中心；小区西侧为钢丝厂和 2 栋办公楼；另有 4 栋住宅、1 所中学、2 所小学、1 所托儿所及 7 片危旧平房区和 1 处食品厂。现已决定将此小区列为危改居住小区进行统一规划。

试根据现状条件（如下图所示）及一般危改居住小区的规划设计要求，提出需要调整和增加的内容。

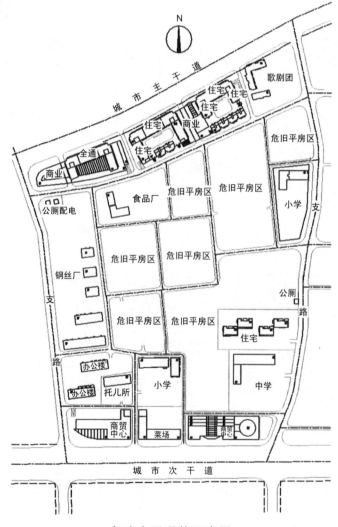

危改小区现状示意图

试题五（15 分）

某市中心有一座市级医院,地处两条交通繁忙的城市干道交叉口的西北角,占地面积为 4800m²。医院为改善门诊条件,决定将位于转角处的 2 层门诊楼改建为 6 层门诊楼,并提出了医院改建总平面图(如下图所示)。改建后全院总建筑面积约 14 000m²。

试分析:这个规划在总平面布置、交通组织、安全防火等方面存在的问题。

(提示:①该市医院建筑的规定停车位可按 0.5 辆/100m² 计算;②不涉及建筑高度、体形、容积率、后退红线等其他问题。)

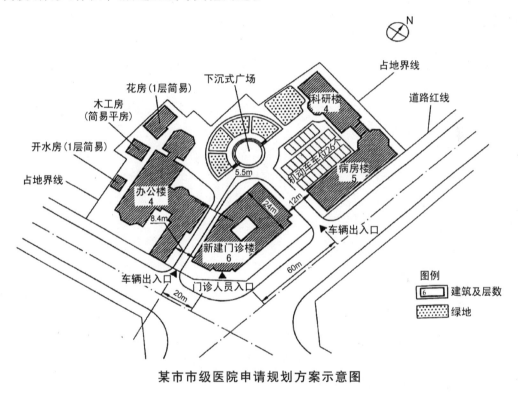

某市市级医院申请规划方案示意图

试题六（15 分）

某工业企业位于市中心重点地区,占地面积 2.45hm²,由于企业经济效益不好,准备利用区位优势,将一部分多余的工业用地出让,建设住宅区,以获取技术改造资金,于是向城乡规划行政主管部门提出了申请。按照控制性详细规划,该用地性质为公共设施用地。城乡规划行政主管部门经现场调研,并分析了周围建设情况和各种条件,认为可以变更用地性质。

试问,城乡规划行政主管部门应当如何处理该企业的申请?

试题七（15分）

某市一工厂位于市区,因生产不景气,经总公司批准,同意改建一座高层宾馆,占地面积 32 000m²。总公司在批准时指出,城乡规划主管部门根据规划原则,经研究并口头同意该厂用地性质可以调整。随后,该厂便与合作方签订协议,由合作方出资,建成以后各得一半建筑面积。合作双方的建设方案报经总公司批准后,即着手进行建设。正当完成地下二层结构工程之时,城乡规划主管部门发现并查处了该建设工程,责令立即停工,听候处理。

试分析,该工程为什么会受到城乡规划主管部门的查处？城乡规划主管部门应如何处置？

模拟题一解析

试题一（得分点）

1. 规划布局方面存在的问题

（1）石化工业园区布局不合理,其选址应具备良好的对外交通并减少环境污染,而图中选址未靠近港口和铁路,却靠近水源地布置,不符合生态环境保护要求。

（2）区域物流区布局不合理,物流区离主要对外交通设施太远,对外交通条件差。

（3）机场选址不合理,机场选址应综合考虑服务范围和运营的经济效益。机场选址位于 A 城市西侧,不利于 A、B 两个城市共享,进而造成运营经济效益不佳,其选址应位于 A、B 两个城市之间,以利于两个城市共享。

2. 道路交通方面存在的问题

（1）高速公路环的规划不合理。无必要形成环路,规划新增的高速公路环应结合现状国家级高速公路,形成空间骨架,重点加强主要城市 A、B 之间的交通联系,同时兼顾中小城市的交通需求。

（2）规划高速公路环未考虑与现状国家级高速公路的关系,规划后 A、B 两个城市之间没有高速公路联系,而中小城市之间却用高速公路相连,不合理。

试题二（得分点）

1. 方案一

（1）优点

① 建设成本低,建设周期短,不涉及村、镇的拆迁等问题。

② 有利于集约利用土地,高架公路与主干路一体化规划建设集约用地。

③ 现状城市与两个出入口联系紧密,交通便利。增加另一条主干道,提高了交通疏通能力。

（2）缺点

① 高架造成城市景观割裂,且不利于城市交通组织。

② 新城区建设与旧城区联系差,会增加基础设施和公共服务设施的投资。

③ 接入点移到城市边缘后,会增加城市道路与其连接长度,增加了交通压力,且局部路网需做相应调整,会增加建设周期。

2. 方案二

（1）优点

① 不会造成城市的分割,且有利于城市新区与旧区的交通组织。

② 新城区的建设可以有效依托旧区现有资源和基础设施,可以适当减少基础设施和公共服务设施投资,有利于资源的集约高效使用,避免浪费。

③ 高速公路移出,有利于城市用地的布局。

(2)缺点

① 高速公路移出需新征占土地,涉及村庄、镇区拆迁,建设成本高,工期较长。

② 移出后,高速公路与现状城市仅有一个出入口联系,城区的对外交通能力降低。

试题三（得分点）

方案二更优,理由是:

(1)拓展方向:主要用地沿对外交通干线和可用地潜力方向平行布置,有利于城市未来不可预计的空间拓展。

(2)用地布局:仓储和工业用地沿铁路线布局,有利于产业发展和货运交通组织,而大部分居住用地远离铁路布局,有利于避免噪声干扰。

(3)农田保护:城市西部为山丘坡地,较东部贫瘠,有利于城市建设尽可能少占农田。

(4)区域衔接:城市向西发展有利于接收西部地级市的辐射作用。

(5)交通体系:省道的改线方向和正南北向的线形,既能保证城市未来发展用地的完整,又便于组织城市路网。

试题四（得分点）

需要调整和增加的规划设计如下:

(1)小区内现有的两所小学宜合并成一所。

(2)托儿所位置不好,周边为公共建筑干扰较大,且位于居住用地边缘不便于使用,应予以调整。

(3)钢丝厂和食品厂对小区有干扰,宜迁出。

(4)应增加小区公共绿地。

(5)用地内现状道路系统比较凌乱,应重新进行道路系统的布局。

(6)应按有关规定增加小区配套的其他公共设施。

试题五（得分点）

该规划存在下列问题:

(1)住院楼与停车场靠近且临街,对病人有干扰且交通组织不便。

(2)经计算,停车位不足。

(3)车辆出入口距离交叉口 20m、60m,不满足规范要求,影响干道交通。

（4）门诊楼出入口正对交叉口，影响交通安全。

（5）门诊楼与办公楼的距离5.5m，不符合消防规定。

试题六（得分点）

依据《城乡规划法》，该项目属于需要修改控制性详细规划的情形，处理步骤如下：

（1）城乡规划行政主管部门应当对修改的必要性进行论证，征求规划地段内利害关系人的意见，并向控制性详细规划的原审批机关提出专题报告，经原审批机关同意后，编制控制性详细规划修改方案。

（2）修改后的控制性详细规划，应当经本级人民政府批准后，报本级人民代表大会常务委员会和上一级人民政府备案。

（3）城乡规划主管部门应当及时将依法变更后的规划条件通报同级土地主管部门。

试题七（得分点）

（1）查处理由：口头同意不能代替许可证，构成了违法建设，其本质上属于未取得建设工程规划许可证，因此，受到了规划行政主管部门的查处。

（2）该建设工程属于尚可采取改正措施消除对规划实施影响的情况，城乡规划行政主管部门应当责令其限期改正，按规定补办相关手续。

（3）依法建议该厂上级单位给予有关责任人行政处分，并处建设工程造价5%～10%的罚款。

模 拟 题 二

试题一（15 分）

　　某小城市依山临河而建。城北为风景区（含北山水库），该风景区按规划保护较好。水库库容属中型，用作灌溉和城市水源，南河水源丰富，西河为水库泄洪道。沿河的人工堤岸能满足城区防洪要求。

　　为发展旅游和完善市政设施等，该市初步拟定建设如下项目（见下图）：

1. 在西河的河滩地开发建设游乐中心及度假村。

2. 水厂在原址扩建。

图 例

　　□□ 居住用地
　　▥▥ 公建用地
　　▨▨ 工业用地
　　▧▧ 仓储用地
　　▨▨ 绿地林地
　　🏛 文物古迹
　　🚌 长途汽车站
　　┅┅┅ 风景区保护范围
　　━━━ 发展控制区范围
　　▥▥ 河道堤岸
　　▥▥ 道路广场
　　▦▦ 河滩地
　　▨▨ 山地

城市用地布局规划示意图

3. 在北山风景区东入口南侧建旅游宾馆。

4. 在东溪村西南侧建田园式度假村。

5. 在城东北山脚下建 2000m^3 汽油库。

6. 在城区东南建污水处理厂。

请指出上述项目在环境、安全和风景区保护方面存在的问题。

试题二（15 分）

某市一单位在市中心区有一片多层住宅楼。其中有两栋（每栋各 6 个单元门）住宅楼是临城市主干路的，经市自然资源主管部门批准，占用上述两栋住宅楼之间的空地（两栋楼山墙间距为 16m）建设一栋两层轻体结构的临时建筑，使用期为三年。

在建设期间，市规划监督检查科的两名执法人员到现场监督检查时发现建设单位擅自加建了第三层，且结构部分已完成。为此，依法立案查处。

随后，经科务会议紧急研究决定：对该违法建设处以数十万元罚款，并决定加建的第三层与临时建筑到期时一并拆除，同时，要求该单位在十五日内到市自然资源主管部门缴纳罚款。违法建设行政处罚决定书加盖监督检查科公章后，立即送达违法建设单位。

试就上述审批临建工程和处理违法建设的行政行为，评析哪些是不符合现行有关规定的。

试题三（15 分）

某市为历史文化名城。市政府为保护城市特色、改善人居环境，拟对旧城内的一个居住街坊进行环境整治和适度改造。该街坊占地面积约 15hm^2，居住人口5000 人，北侧为城市主干路，西侧为城市次干路，东侧和南侧各城市支路均为历史文化保护街区，属于建设控制地带。街坊内大部分建筑为传统民居，建筑质量较好，少量为 20 世纪 80 年代末的建筑（下页图中标识层数的建筑），还有两处文物保护建筑。

按照城市总体规划的要求，该街坊以保护整治、改善基础设施和交通条件为主。其中，街坊西南角的建筑已经没有保留价值，可以更新改造为多层住宅楼和居住公共服务设施。同时，为保护传统风貌和鼓励使用公共交通，机动车的停车位数量可以不按照一般居住用地的标准进行设计。

文物保护单位

现状图

规划方案除新建了车行路、步行道和几栋多层建筑外，基本按照原有院落边界和传统建筑格局进行了整治和改造（见下页图）。

试分析该规划方案的优点和缺点，并说明理由。

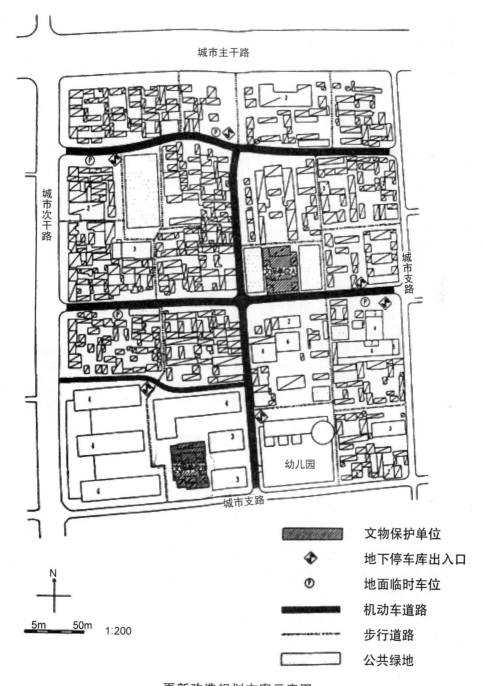

更新改造规划方案示意图

试题四（10分）

某城，面临3个发展机遇，一是在城区北部建设一条专用铁路运输线，与城区南侧现有的车站连接。现有2个选线方案A和B，A线是从城区外围绕着工业用地与现有铁路连接；B线直接穿越城区中间，与南侧现有车站相连，城区中间两侧为住宅。二是城区北侧临靠码头、公路、铁路，拟实行公铁水联运，发展商贸物流园。三是新农村建设加速，准备建设一个农产品交易中心，城区的东部为3个乡镇，为主要的农产品生产基地（见下图）。

请分析选线方案A和B，并推荐一条线路。在城区布置的1～8号地块中，合理安排1个物流园、1个农产品交易中心。

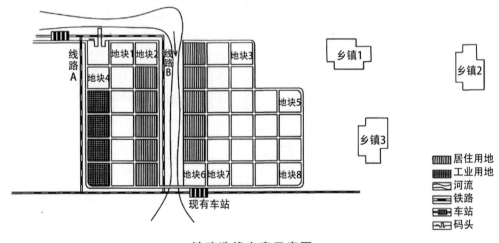

铁路选线方案示意图

试题五（15分）

下页图为我国中部地区某市内的一处规划用地，规划为行政办公区及其机关宿舍区，共有12块地尚未安排用途（图纸中各地块的编号下为地块面积，单位：m²）。请根据图纸中所示面积及位置，安排如下几处用地并说明理由。

①机关幼儿园（8班）；②小学（24班）；③机关门诊所；④社会停车场（300辆车）；⑤广播电视台（10 000m²以上）；⑥政府招待所（10 000m²以上）。

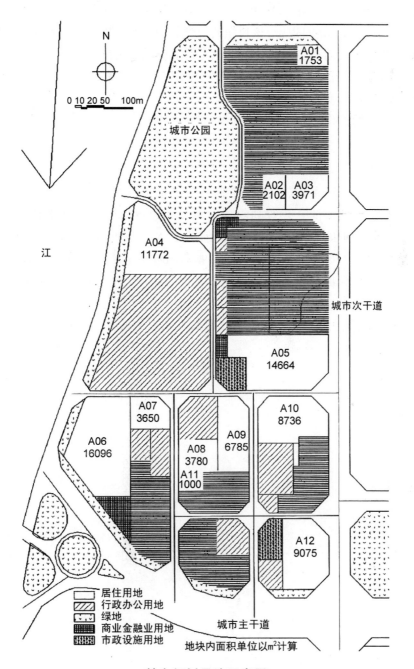

某市规划用地示意图

试题六（15 分）

某市近郊区的某村，用招商引资的方法改造旧村、调整地块，先占用该村耕地 15 000m²，然后还耕 25 000m²，拟建住房 20 000m²，建成后投资单位与该村按比例分成，双方签订了合同。合同规定，该村负责办理用地、建房的各项审批手续，经村民委员会研究同意了该合同，又报乡政府批准。该工程刚一开工就受到了城乡规划行政主管部门规划监督检查部门的查处，责令立即停工，听候处理。但该村认为，在自有土地上进行建设不应受到查处。

分析该工程的建设，指出受到查处的原因。

试题七（15 分）

某市有一引资宾馆工程，有关领导部门特别重视该项建设。投资方坚持要占用该市总体规划中心地区的一块规划绿地。有关领导自引资开始至选址、设计方案均迁就投资方要求。市城乡规划主管部门曾提出过不同意见，建议另行选址，但未被采纳，也未坚持。之后，投资方依据设计方案擅自开工，市城乡规划主管部门未予以制止。省城乡规划主管部门在监督检查中发现此事，立即责成市城乡规划主管部门依法查处。

试问：该工程为什么受到查处？省、市城乡规划主管部门该如何处理此事？

模拟题二解析

试题一（得分点）

项目规划存在以下问题：

（1）西河滩地旅游开发项目选址不当，影响排洪和自身的安全。

（2）北山风景区保护区内不应建设宾馆。

（3）汽油库选址位置不当，临近风景区对景观影响较大，与居住区、仓库之间没有防护带（隔离带），存在安全隐患。

试题二（得分点）

以下行为是不符合现行有关规定的：

（1）新建临时建筑占用了邻近两楼之间空地，不符合消防规定，规划管理部门违反规定审批临建工程，属违法行政行为。

（2）临时建筑批准使用期三年不符合《城乡规划法》相关规定，临时建设一般不得超过两年使用期。

（3）规划监督检查科不是行政主体，行政处罚决定书须由市自然资源主管部门盖章才能生效，所以违法建设行政处罚决定书由监督检查科盖章是不符合规定的。

（4）本案罚款数十万元，属于较大数额罚款，未告知被处罚单位是否要听证就作出决定是不符合规定的。

（5）违法建设罚款，处罚单位不能直接收缴，罚款与收缴罚款须分离，所以该罚款直接交自然资源主管部门是不符合规定的。

（6）审批的临建工程和加建的违法建筑堵塞消防通道，保留使用三年是不符合规定的，应该立即拆除。拆除被批准的临时建筑，应给予建设单位赔偿。

试题三（得分点）

1. 该规划方案优点

（1）增加了绿地，街区内环境得到良好改善。

（2）没有改动街区尺度，街坊的肌理与院落格局得到了较好的保护。

（3）人车分流设置，减少干扰。

（4）增加了更加融合的社区医疗卫生服务中心、停车场等公共服务设施，取消了功能不太相容的工厂。

2. 该规划方案缺点

（1）车行路占用了文物保护单位 A 南侧用地，违反相关法律法规。

（2）街坊西南角的规划建筑与街坊整体风格不协调，破坏整体建筑环境。

（3）西侧次干路开口过多，且形成丁字路口，不利于出行。

试题四（得分点）

1. 线路选择

线路 A 沿城西侧布置

（1）临近工业用地，铁路线路对城区用地布局和景观影响较小。

（2）距离居住用地较远，有利于河两岸居住用地的布置和居住环境的营造。

（3）不穿越城市道路，建设成本低。

线路 B 沿河布置

（1）影响沿河居住用地的景观。

（2）铁路将给相邻居住用地带来噪声影响。

（3）沿河岸建设，用地工程地质条件较差，建设成本较高。

（4）下穿城市干道，建设成本较高。

（5）不利于河道东西两侧用地的交通联系，跨越铁路线建设道路，建设成本较高。

综上原因，选择线路 A。

2. 物流园选址

物流园区选址的基本原则为交通便利，宜靠近工业仓储用地，应远离住宅或有一定的防护绿地，故地块 1、4 邻近码头、车站和公路，且靠近工业用地，距离住宅有一定距离，适宜作为物流园用地，结合线路 A 合理布设原则，4 号地块比 1 号地块更加合适，因此推荐为 4 号地块。

3. 农产品交易中心选址

农产品交易中心选址的基本原则为交通便利、靠近货物供应地区，方便与产地的交通联系，城区东部三镇为农产品的生产基地，因此，结合车站，既要方便农产品的发销，又要考虑农产品货源的到达和避免对居住生活区的干扰，地块 7 比地块 6 更加合适。

试题五（得分点）

1. 机关幼儿园（8 班）：选择 A03 地块。

8 班幼儿园属中型幼儿园，用地面积在 3000～4000 m² ，而且用地位置以邻近主要居住区为宜。A03、A07、A08 三地块的面积比较合适，但是 A07、A08 主要临近行政办公用地，因此仅有 A03 比较合适。

2. 小学（24 班）：选择 A05 地块。

24 班小学用地应包括建筑用地、运动场地、绿化用地，用地面积在 10 000～15 000m²

为宜,A04、A05、A06 三地块的面积都可以,但作为小学用地,A05 的位置适中,服务半径更加合理。

3. 机关门诊所:选择 A08 地块。

机关门诊所的位置,有 A07、A08 两块邻近行政办公用地的地块可以选择,但是 A07 位于路口处,环境嘈杂,过往车辆多,与门诊本身的人流、车流容易形成混杂。因此 A08 比较合适。

4. 社会停车场(300 辆车):选择 A10 地块。

社会停车场:一般用小型机动车停车面积来计算,每车面积为 25m² 左右,题目要求停车量为 300 辆车,需要 8000m² 左右,A10 比较合适;A12 的面积也接近这个数字,但是 A12 的位置处在城市主干道与城市次干道的交叉口处,进出停车场车辆与干道上行驶的大量车辆互相干扰,因此 A12 不合适。

5. 广播电视台(10 000m² 以上):选择 A04 地块。

广播电视台:用地要求 10 000m² 以上,A04、A06 两地块都符合要求,但是 A06 紧邻居住用地,广播电视台中需要设置电子发射装置,要求与居住建筑有一定的距离,因此只有 A04 比较合适。

6. 政府招待所(10 000m²):选择 A06 地块。

10 000m² 以上地块只有 A04、A05 和 A06。A04 和 A05 分别用于广播电视台和小学,且 A06 靠近行政办公用地和江水边,非常符合作为政府招待所的条件。

试题六(得分点)

工程被查处原因如下:

(1) 按《城乡规划法》第六十四条规定,该工程建设没有取得建设用地规划许可证,属于违法用地。

(2) 农村耕地属于集体所有的土地,将其改变为建设用地,必须由建设单位根据计划部门批准的立项进行征用土地,成为国有土地后,由城乡规划行政主管部门发建设用地规划许可证后方可进行建设。

(3) 该村虽已还耕,但占用耕地应按《土地管理法》有关规定报请城市人民政府审批,乡政府无权审批。

(4) 在城市规划区内进行的一切建设活动,必须经城乡规划行政主管部门审批,未经审批就是违法建设。至于如何处理,由于该工程刚开工,城乡规划行政主管部门应会同土地管理部门恢复原有的地形、地貌,并由违法建设单位赔偿所造成的损失。

试题七(得分点)

依据《城乡规划法》,该工程受到查处的原因如下:

(1) 该工程建设违反了城市总体规划。

（2）该工程没有办理建设用地规划许可证和建设工程规划许可证，属违法建设。

依据《城乡规划法》第六十四条，处理方法为：

（1）按省城乡规划行政主管部门的意见，市城乡规划行政主管部门责令该工程立即停止建设，并限期拆除。

（2）责令市城乡规划行政主管部门改正，通报批评，并对直接负责的主管人员和其他直接责任人员依法给予处分。

（3）同时，省城乡规划主管部门应当建议省人民政府对市人民政府进行通报批评，并对直接负责的主管人员和其他直接责任人员依法给予处分。

模 拟 题 三

试题一（15分）

我国东部某市，人口规模45万人，编制了以制造业、商业为产业发展方向的城市总体规划。下图为总体规划中的道路交通规划。一条与其他城市相连的一级公路经过城市西侧；现状有一条铁路由城市北部穿过，并设有火车站；西江由城市东侧穿过，航运发达，客运、货运均有较好的基础。

请指出道路交通规划中存在的问题，提出修改建议，并做示意性修改。

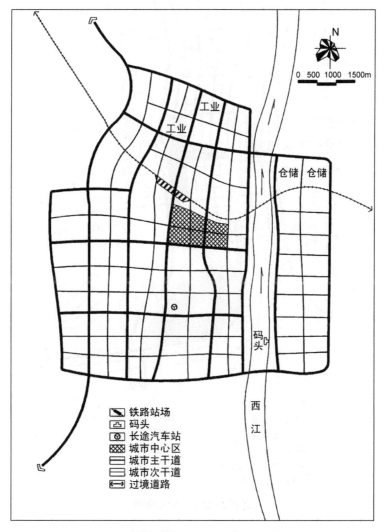

某市城市总体规划（道路网规划）

试题二（15分）

下图为某市的总体规划示意图,表达了城市干道网布置与地形地貌、城市建设用地的关系。

试评析其主要优缺点。

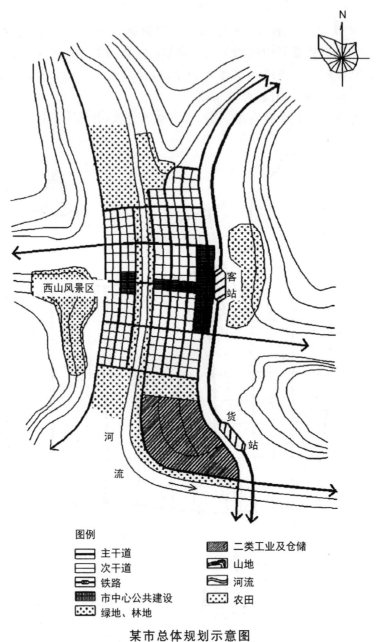

图例

主干道	二类工业及仓储
次干道	山地
铁路	河流
市中心公共建设	农田
绿地、林地	

某市总体规划示意图

试题三（10分）

某市工业局为解决职工住房紧张的问题,拟撤销位于跃进工业区的塑料制品厂,准备在该厂 20 000m² 的用地上建设 50 000m² 住宅楼(见下图),并向该市城乡规划主管部门提出了申请。城乡规划主管部门在研究后,没有同意市工业局的申请。

试分析该市城乡规划主管部门不同意变更用地性质的理由(不涉及容积率的问题)。

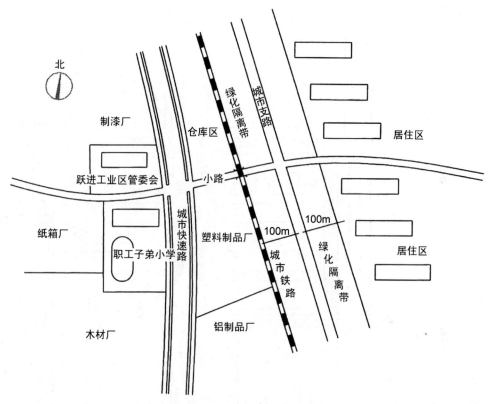

某市工业局用地规划示意图

试题四（15分）

下图为某市一个居住区组团规划方案，规划用地 90 000m²，规划住宅户数 800户，人口约 3000 人。该地块西、北临城市次干路，东、南两侧为支路，地块外西南角为现状行政办公用地，根据当地规划条件要求，住宅建筑均为 5 层，层高 2.8m，日照系数不少于 1.4。该规划方案布置了 12 幢住宅楼及物业管理和商业建筑；结合组团出入口安排地面和地下停车场，并与市政工程和环卫设施配套。

请评析该方案，具体指出方案的主要优点和存在的问题。

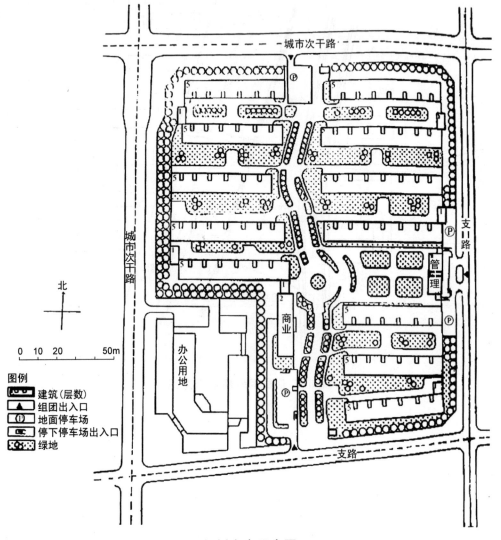

规划方案示意图

试题五（15 分）

　　某大城市外围规划移除大型居住用地,并拟建成城市主、次干路及地铁线路服务于该地块(车站位置如下图)。规划居住区内的路网系统相对独立,在交通性干道的北侧配套建设一个大型超市。

　　试分析规划中道路交通及大型超市布局的不合理之处。

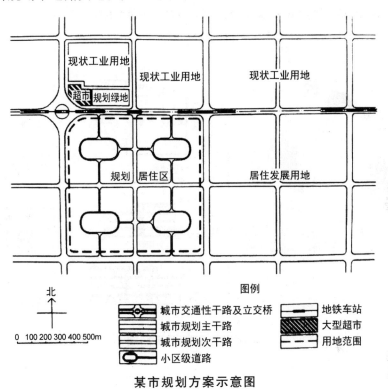

某市规划方案示意图

试题六（15分）

下图所示拟建项目位于某市风貌建筑保护街区内的城市次干路与城市支路的交叉口处，总用地面积为 2016m²，用地性质为办公建筑。除按有关规范规定要求外，还提出以下规划条件，即：建筑限高 12m，容积率不大于 1.4，建筑密度不大于 35％；建筑间距应满足南北向大于新建建筑高度的 1.5 倍，东西向大于新建建筑高度的 1.2 倍；建筑风格要求与周边现有建筑相协调，屋顶须采用坡屋顶形式。

请对图示方案进行审核，并提出存在的问题。

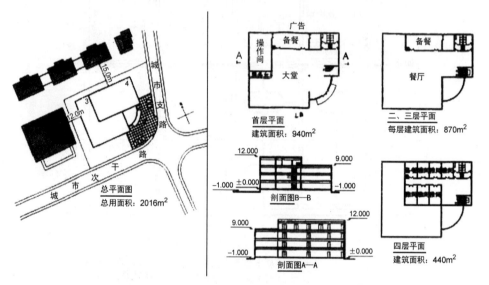

某项目方案规划示意图

试题七（15分）

某市一单位在市中心区有一片多层住宅楼，其中有两栋（每栋各 6 个单元门）住宅楼临近城市干路。经市城乡规划行政主管部门批准，占用了上述两栋住宅楼之间的空地（两栋楼山墙间距为 16m），建设一栋两层轻体结构的临时建筑，使用期为两年。在建设期间，市规划监督检查科的两名执法人员到现场监督检查时发现：建设单位自行加建了第三层，且结构部分已完成。为此，依法立案查处。随后，经科务会议紧急研究决定：对违法建设单位处以数十万元罚款，并决定加建的第三层与临时建筑到期一并拆除，同时，要求建设单位在 15 日内到市城乡规划行政主管部门缴纳罚款。将违法建设行为处罚决定书加盖监督检查科公章后，立即送达违法建设单位。

试就上述审批临建工程和处理违法建设的行政行为，评析哪些是不符合现行有关规定的。

模拟题三解析

试题一（得分点）

道路交通规划中存在的问题如下：

(1) 对外公路穿越城市，不合理。

(2) 城市主次干道均穿过铁路，显然不合理。

(3) 东西向主干道间距不符合规范，道路主干道较少。

(4) 沿河两岸东西向联系道路偏少。

(5) 铁路穿越市区，对城市分割严重。

(6) 铁路客运站、长途汽车站以及轮船码头布局分散，不利于交通换乘。

修改建议如下：

(1) 对外公路西移出城市用地范围之外，在南北各预留一个出入口。

(2) 将客货混用的港口码头调整为客运码头和货运码头，货运码头布置在城市北部仓储区和工业区，客运码头布置在城市中部，靠近铁路客运站和长途客运站。

(3) 提高东西向主干道密度。

(4) 加强沿河两岸东西向联系，增设过河主干道。

(5) 铁路从城市北部穿过或将铁路客运站规划为南北出入口，方便南北两区使用。

(6) 减少干道穿越铁路。

试题二（得分点）

该规划主要优点如下：

(1) 城市干道网的布置顺应了山势、河流走向，符合地形的要求。

(2) 沿东西向的城市中心大道布置城市中心公共建设，有利于交通组织与城市景观。

(3) 工业仓储区位置合理，对外交通方便。

(4) 沿主要干道和河流之间布置带状绿地，有利于创造良好的城市环境和景观。

该规划主要缺点如下：

(1) 沿铁路客站西侧的南北向城市主干道承担过境交通，两侧布置了大量城市中心公共建设，影响城市交通性主干道功能的发挥。

(2) 工业仓储区与其他用地缺少联系道路，内部也没有布置道路系统。

(3) 西山风景区与城区单向道路连接不科学，且连接道路联系客运站，两侧又布置中心公建,道路易形成交通拥堵。

试题三（得分点）

该市城乡规划主管部门不同意将塑料制品厂的用地性质变更为居住用地的理由如下:

（1）地块四周都是工业用地,不符合居住用地布局特点,不符合城市规划用地性质。

（2）该地块内无法配建生活居住区所必需的配套公共服务设施。

（3）居住用地西侧为城市快速路、东侧为铁路,均需要满足退距,退距后城市用地难以满足建设需求和居住布局,且铁路与快速路对居住环境有影响,也不符合居住要求。

试题四（得分点）

该方案的优点与存在问题如下:

（1）布局结构与环境塑造:用一条组团绿带串联每栋住宅,形成完整的组团内步行系,方便居民利用,有利于良好居住环境的塑造。

（2）道路交通:停车场布置在组团出入口处,有利于人车分离,并且注重地面与地下停车相结合,有利于改善地面步行环。小区出入口偏多,尤其是东入口人车有干扰。

（3）商业建筑布局:商业建筑与小区结合不理想,而且因其不临街,不利于充分发挥商业价值。

（4）住宅建筑布局:所有住宅建筑均为南北向,朝向好。按住宅建筑均为5层计算,西向角和东南角两组住宅建筑的间距明显不足。

试题五（得分点）

规划不合理处如下:

（1）地铁线路不应设置在城市交通性干道下面。

（2）规划的南北向次干路不应与交通性干道直接相连。

（3）小区出入口不应设置在交通性干道及主干路上。

（4）大型超市布局不合理,紧邻交通性干道和主干道交叉口,与地铁站结合不好。

试题六（得分点）

方案存在问题如下:

（1）用地性质不符:批准用地性质为办公,申请的方案为餐饮,与用地性质不符。

（2）建筑高度超高,规划条件中的建筑高度为12m,而方案的建筑高度为13m,

超出要求。

（3）出入口设置不符合国家规范,机动车出入口不应设在两条道路交口处。

（4）建筑间距按技术规定要求,南北向间距如按图所示,$h=13m$,其间距应为 19.5m,现仅为 15m。

（5）由于该地段位于历史风貌保护区内,应当采取坡屋顶形式,设计屋顶为平屋顶,不符合条件要求。

（6）容积率为 1.55,大于 1.4,不符合条件要求。

（7）建筑密度为 46.6%,大于 35%,不符合条件要求。

试题七（得分点）

不符合现行规定的行政行为如下：

（1）兴建临时建筑占用了邻近两楼之间的空地,不符合消防规定,规划管理部门违反规定审批临建工程,属违反行政法规行为。

（2）规划监督检查科不是行政主体,行政处罚决定书须由市城乡规划行政主管部门盖章才能生效,所以违法建设行政处罚决定书由监督检查科盖章是不符合规定的。

（3）本案罚款数十万元,属较大数额罚款,未告知被处罚单位是否要听证就作出决定是不符合规定的。

（4）违法建设罚款,处罚单位不能直接收缴,罚款与收缴须分离。所以该罚款直接交给规划行政主管部门是不符合规定的。

（5）审批的临建工程和加建的违法建筑堵塞消防通道,保留使用两年是不符合规定的,应该立即拆除。拆除被批准的临时建筑,审批者应予赔偿。